努力，让成长更快一些

陈武◎编著

中国纺织出版社有限公司

内 容 提 要

从20岁到30岁的这十年，有的人继续深造，有的人初涉职场，有的人却在蹉跎岁月。在这人生最宝贵、最美好，精力最旺盛的十年，你总需要不断完善自我，才能不让30岁的自己懊悔。

本书从思想、形象、人格、交际、沟通、耐力、职场等各个方面给予20岁的年轻人诸多建议。请记住这样一句话：20岁的付出，将决定你30岁以后的生活。

图书在版编目（CIP）数据

努力，让成长更快一些 / 陈武编著. --北京：中国纺织出版社有限公司，2021.2

ISBN 978-7-5180-7831-8

Ⅰ.①努… Ⅱ.①陈… Ⅲ. ①成功心理—通俗读物 Ⅳ. ①B848.4-49

中国版本图书馆CIP数据核字（2020）第167377号

责任编辑：江 飞　　责任校对：高 涵　　责任印制：储志伟

中国纺织出版社有限公司出版发行

地址：北京市朝阳区百子湾东里A407号楼　邮政编码：100124

销售电话：010—67004422　传真：010—87155801

http://www.c-textilep.com

中国纺织出版社天猫旗舰店

官方微博http://weibo.com/2119887771

三河市延风印装有限公司印刷　　各地新华书店经销

2021年2月第1版第1次印刷

开本：880×1230　1/32　印张：6

字数：96千字　定价：25.00元

前言

20岁的你，未来十年打算如何度过？

30岁的你，前十年是如何度过的呢？

20岁的你，是否怀揣着对人生的希冀，梦想着30岁就可以出人头地，实现人生阶段的第一个目标。30岁时事业稳定步入正轨，甚至有平步青云的趋势；结识了许多志同道合的朋友，建构了强大的人脉圈子；结婚生子，有一个美满幸福的家庭。每一个20岁的年轻人，对自己的未来总会有许多不一样的版本，但无一例外地希望自己的人生能够更上一层楼。

30岁的你，是否对现在的生活不满意，曾经在20岁种下的梦想，竟然一个都没有实现。懊悔和分分钟袭来的挫折感席卷了整个身心，似乎比20岁的自己更迷茫。这十年四处奔波，工作换了无数个，30岁的你拿着20岁时的薪资；昔日的同学和朋友已渐行渐远，想找人一起吃顿饭都那么难；感情上总遇不到合意的那个人，索性对结婚也不抱什么希望。于是，在这时开始后悔，从20岁到30岁自己都干了什么？为什么这十年竟然没有一点长进？

20岁到30岁这最好的十年，是人生的重要转折点，是人生的黄金时期，当然也是决定你后半生的关键时期。假如你好好地计划这十年，人生将成功一半，倘若依然过着得过且过的日子，那在30岁以后你将付出更多的精力去填补自己的过失。

或许，你觉得20岁的自己没资本、没能力，思想幼稚，对前途一片茫然，如何能做得了一个行之有效的十年规划呢？事实上，并非如此，20岁虽然年轻，但身上却拥有30岁未曾有的优秀品质，比如，初生牛犊不怕虎；比如，可以树立起来的人生观、价值观，这些都是很重要的。

20岁的你，有一个良好的思想基石，将会引领未来的人生航标；塑造完美人格，将会在未来得到更多的鲜花和掌声；注重形象，将会减缓岁月带来的痕迹。懂得吃亏，擅长交际，恰当沟通，将会源源不断地编织强大的人脉圈子。抓住机遇，敢于冒险，正确认识金钱，这样可以不断积累资本，为30岁的你做好充足准备。克制自己，懂得付出，初涉职场，可以让你在这十年里不断完善自我，并在生活和事业中有所收获。

如果20岁的你正在迷茫，如果30岁的你正在懊悔，那么不妨从这本书中重拾密钥，找回迷失的自己。

编著者

2020年6月

目录

第01章　厚积薄发——十年磨剑奠定思想基石　◎ 001

你这十年如何度过　◎ 002

知人情世俗而不世俗　◎ 005

你到底为什么而工作　◎ 010

培养自己良好的习惯　◎ 014

常立志不如立长志　◎ 017

积极进取，才能够不断变化　◎ 020

第02章　塑造品质——有修养的人更受欢迎　◎ 023

圆融藏锋，低调才能成大事　◎ 024

淡泊名利，诚信待人　◎ 027

心中有空间，才能容纳更多　◎ 030

小事体现教养，细节展现素质　◎ 034

宽容是一种不可多得的美德　◎ 036

不是主角，就做好配角　◎ 039

第03章　吃亏是福——目光长远才能走得长久　◎ 043

吃亏其实就是占便宜　◎ 044

总会做一些自己不喜欢的事 ◎ 047
敢于分享，你才会更快乐 ◎ 051
对待利益需要长远的眼光 ◎ 053
做人偶尔需要装装糊涂 ◎ 056
拓展眼界，别局限自身 ◎ 060

第04章 打通人脉——有意识地扩大你的交际圈 ◎ 063

多个朋友多条路 ◎ 064
处理好职场关系，就会有更多好帮手 ◎ 067
不要小看日常社交 ◎ 070
让你的人脉圈变成人脉网 ◎ 073
人脉是通往成功的“门票” ◎ 076
遇到伯乐之前，先把自己修炼成千里马 ◎ 079

第05章 找到贵人——千里马再好也需要伯乐 ◎ 083

找准伯乐，职场平步青云 ◎ 084
广结善缘，火眼识贵人 ◎ 087
近朱者赤，近墨者黑 ◎ 090
与优秀者成为朋友 ◎ 093
如何与成功者交往 ◎ 096
善于自曝，让更多人认识自己 ◎ 099

第06章　学会沟通——别输在为人处世上　◎ 103

懂得沟通，为未来铺好路　◎ 104

尊重对方的隐私和秘密　◎ 107

恪守日常工作礼仪　◎ 110

做一个合格的倾听者　◎ 113

与人交往，相处距离很重要　◎ 116

请给予他人充分的信任　◎ 120

自我营销，拿捏好分寸　◎ 122

第07章　敢于冒险——走出生活的舒适圈　◎ 127

树立正确的金钱观　◎ 128

尝试去做没做过的事　◎ 130

机会总是留给那些有准备的人　◎ 134

勇于冒险，登上人生顶峰　◎ 137

心思缜密，沉着应对风险　◎ 140

第08章　克制自我——懂得自控才能走向成功　◎ 145

坚持自我，勇敢做决定　◎ 146

寻找适合自己的行业与工作　◎ 149

做好时间管理，拓宽生命的宽度　◎ 152

融入职场，适应各种职场法则　◎ 156

年轻人要修炼健康的心态 ◎ 159
拒绝拖延，人生需要行动力 ◎ 162

第09章 纵横职场—— 用专业铺就锦绣前程 ◎ 165

端正态度，做一个称职的员工 ◎ 166
别拘执于做杂事，眼光要着眼于大事 ◎ 169
协调合作比能力出众更重要 ◎ 172
请遵守公司制度 ◎ 175
如何打造个人核心竞争力 ◎ 178
领会上司意图，把工作做到位 ◎ 181

参考文献 ◎ 184

第01章

厚积薄发——十年磨剑 奠定思想基石

20岁如何看待自然、如何看待社会、如何看待人生、如何看待学习与生活……20岁应该奠定思想基石，树立正确的价值观，正确对待世界和人生，实现自己的价值，30岁才能引领人生航标。

你这十年如何度过

20~30岁这十年，对每一个人来说，无疑都是最关键的黄金十年。这十年将决定我们人生事业的雏形，为后半生的幸福与成功奠定一个基础。二十几岁的选择和努力将决定你三十几岁是贫穷，是中产，还是富有。如果我们想三十几岁时不再为衣食奔波，有一个温暖的小家；四十几岁成为一个成功的人；五十几岁退休仍然受人尊敬，就要在这十年里学会拼搏。

因此，怎样度过我们的黄金十年变成了一件非常重要的事。如何度过，取决于我们希望拥有怎样的人生。是轰轰烈烈，还是平平淡淡？是浑浑噩噩，还是明明白白？是命运多舛，还是一帆风顺？每个人都有自己希望过的人生，强求不来。如果人人都是比尔·盖茨，那我们还去赚谁的钱？如果人人都是马拉多纳，那还有谁去看球赛？有句话叫“强求不可得，何必用强求。随缘且随分，自然不可谋”。

有个女孩，她和男友约定要努力度过两人的一生。于是，她不断拉着男友去求学，专科毕业的他们花了很大的精力拿到了本科学位，然后去考硕士。获得硕士学位后，男友以为可以歇一歇了，没料到女友却又拉着他去考博士。男友终于忍无可忍了，于是他对兴高采烈的女友说：“我有一个朋友，父母经商，家财不计其数。他本人是博士后，而且年轻有为，现在自己开着几家公司，要不要我给你介绍一下？”女孩哭了，不久，女孩终于想清楚她要的不过是简单的幸福，他们开始快乐地生活在一起。

无论这个故事是真是假，它告诉我们的是要领悟生活的真谛。如果成功之于你是快乐的，你不妨努力地去追求。如果轻松和谐、平平淡淡才是你想要的，那么就没必要强求什么出人头地。无论你选择怎样的人生，无论顺利的、还是轻松的，只要都是我们所希望的就是无怨无悔的。

20岁，我们要走上荆棘丛生的社会，作为一个人，我们希望自己成熟、睿智、有魅力。希望自己的职场生涯顺利，爱情甜蜜，有一定的轻松娱乐时间，这些都无可厚非。但是怎样才能拥有这些呢？这不是一个简单的要求。我们必须在以后的十年中逐渐创造出这三个条件才可能做到。

第一，良好的身体素质和精神条件。

一个人如果看起来病快快的，那么无论他有怎样的理想抱负，都不能够实现。健康的体魄是成功的基础，我们切不可为了一时的利益，做出抽烟、酗酒等毁坏身体健康的事。更不可不顾身体的极限，无度地透支健康。“身体是革命的本钱”，没有健壮的体魄，一切都是空想。清楚地认识自己的精神状况，过有追求、有活力、有情趣的生活。我们站在人生的门槛上，年轻，充满活力，有梦想，清醒地意识到自己的力量，有主人翁意识，还有什么能比这样的状态更重要？良好的身体素质固然重要，但更重要的是精神健康、积极、充满活力，拥有坚强的意志力和充沛的精力。人并不是必须具有很大的块头和威武的外表，但应该具有旺盛的生命力和坚强的毅力。拥有了这些，我们才能够更有质量地享受生活。

现在，有一些年轻人，总是生活在消极厌世的情绪之中，那对我们的未来是没有任何好处的，负面情绪会带人走向毁灭，积极地追求生活中的真、善、美，有信仰，有追求，才不枉上天赐予我们的青春。

第二，良好的社会关系。

人是社会动物，无时无刻不处在与他人交往的关系中。如果我们想要顺利度过自己的职场生涯，或者取得成功，就必须处理好人际关系。现代社会是高度组织化的社会，我们通过联合与协作才能完成个人无法完成的事情。如果我们不能拥有良好的人际关系，个人的资源和精力有限，我们就会变得狭隘。而完成伟大的事业需要许多资源的整合，没有优质的社会关系，就不能整合优质的资源，当然也就不能成就事业。在当代社会中，如何更好地与他人合作，拓展我们的人脉，拥有良好的社会关系和社会地位，是我们不得不重视的一个课题。

第三，良好的物质条件，主要指经济条件。

二十几岁的人，在追求精神寄托的同时，同样不能忽视对于物质上的依靠。没有物质生活作后盾，再多的精神层面的东西都将成为泡影。没有面包，爱情也是不牢固的，何况事业？当然，二十几岁，我们在经营自己的事业，在获取报酬的同时，别忘了丰富精神生活；在精神物质双丰收的状况下，别忘了拓展人脉，建立良好的人际关系；当然这些都是建立在健康的身体之上的。所以，二十几岁，我们要重视健康、薪水、情趣、社会关系，在这几方面都要着重修炼。二十几岁不怕吃苦，最怕不知道想要什么，最怕迷茫，不知道怎样度过。

20岁，重要的是我们想清楚自己想要什么样的人生，对自己的事业、生活、未来十年有一定的规划，才可能在接下来的日子里清醒、不迷茫、顺畅。

20~30岁的你打算如何度过这十年？你想好了吗？如果没有一定的计划，或者计划不详细，就会浪费我们很多精力。不断思考这个问题，能够让我们对于未来有更清醒的认识、更明确的规划，这样我们才能更顺利地度过自己的黄金十年。

知人情世俗而不世俗

周遭的现实往往要求我们懂得更多人情世故。现实生活中，我们可能会看到一些有才华的人得不到重用，尤其是一些刚刚毕业的大学生，更是自恃才华，目中无人，而不能一展抱负。原因何在，不是能力的问题，也不是才气的问题，而是态度的问题。他们往往不务实，不懂人情世故，觉得自己可以凭才华打天下，不需要看别人的眼色行事，殊不知这正是自己失意的根本原因。

不少年轻人对“人情世故”持有不屑心态。认为这是“两面派”“狡猾者”的代名词。首先我们要澄清对人情世故的认识，才能进一步懂得人情世故，利用人情世故。人情即做人的道理，世故即做事、行动的原则。现代汉语词典里对“人情世故”的解释是为人处世的道理。可见，人情世故不单单指人际关系，更不是托关系、走后门等歪门邪道，是有些人把它运用到了歪道上，致使人们对人情世故产生了曲解。正像一门好的武功秘籍，好人用它造福人类，坏人用它大开杀戒一样。我们怎能因为坏人用它做了坏事，就否认它可以造福人类的价值呢？关键是掌握在谁的手里，用来做什么，怎样运用的问题。如果我们运用人情世故的目的是为了使我们的职场生涯更加顺利，那就是无可厚非的。

我们已经不再是一个愣头青了，从幼稚走向成熟，从青涩学生成长为一个练达的职场人、社会人，我们要懂得一些人情世故，才能够让自己的事业更顺利，生活更美满。那我们究竟要懂得哪些人情世故，才算是世事洞明，人情练达呢？

第一，抛弃自以为是的清高。清高，“清”意思是无色，洁净；“高”又代表着高处不胜寒。那些自认为洁净的人往往被人孤立。表面上是以清高自诩，实际上是孤芳自赏，目空一切。所以清高的人往往也是骄傲的人，不合群的人，甚至以为自己的清高是一种鹤立鸡群、“凤凰不与凡鸟为伍”的行为，这实际上是大错特错的。

有些人天生骨子里就散发着一股清高劲儿，凡事有自己的一套行为标准和做人原则，一旦别人的举动不符合自己的标准和原则，就开始疏远、鄙视他人。而一旦生活在一群不如自己的人中间，就产生高高在上、孤芳自怜的感觉。而另外一些人天生骨子里就透着一股亲和力，虽然他们也有自己的原则，但他们并不用这些原则去要求他人，能够宽容地对待别人，有时候他们也能“随大溜”，办事灵活，主动与人亲近。有句话叫作“水至清则无鱼，人至察则无徒”。水太清了，鱼就无法生存，要求别人太严格了，就没有伙伴。所以，我们做人不要太苛刻，看问题不要过于严厉，否则，就容易使大家因害怕你而不愿意与你打交道。在某些方面，即使不同意别人的观点，也要谦虚一点。如果你做不到这点，那么你至少要懂得尊重别人，礼貌待人。你可以不同意别人的观点，但是你要尊重别人说话的权利。

如果你不愿刻意奉承别人，但你可以真心地赞美和欣赏别人；如果你做不到请客送礼，但你至少不要看不起请客送礼的人，因为他们也有自己的难处；如果你不愿说那些言不由衷的话，但你要懂得尊重别人的感受。

严于律己是必要的，但你不能用自己的标准去要求他人，这就要求我们“宽以待人”。一个人想成功，就要学会在一些人和事上妥协。放下清高的架子，让自己适当地俗一点吧！

第二，做事要看准时机，掌握分寸，智慧灵活地接待人物。有句话叫“不打勤的，不打懒的，专打不长眼的”，如果我们说话做事不能看准时机和场合，不能准确地针对他人，掌握分寸，就会做事无轻重，为人轻狂，处世不能圆融。那么，怎样为人处世才算是“合时宜，得天机”的呢？

首先，要明白自己的立场和处境，如果你作为一个下属，对待同事却像上司一样用命令的语气说话做事，显然就是不合时宜的。虽然这是一个常识，但有多少人没有用“某某，把东西给我拿过来”这样的语气和同事说过话？有多少人把别人的帮助当成是理所当然，从来没有道谢过呢？

其次，弄清对象，对于喜欢搬弄是非的人，不要讲是非，议论他人；对于自尊心强的人，不要直接批评；对于直肠直肚的人不妨坦率说话，那些弯弯绕绕的暗示他们是听不懂的，他们信奉的是明人不做暗事；对于那些妄自尊大而位高权重的人，我们要讲委婉的话，否则不但不容易被他们接受，而且会为自己留下祸根。

最后，看清时间和场合，无论是说话还是做事，不合时宜最不能让人接受，说话说到人心坎里，要听懂别人的话外之音。一个人决定做某事之前，一定有某种预兆，或暗示，或旁敲侧击。我们能事先领悟别人的意图或潜在的思想，替他表达出来，或安排好相关事宜，就会有与他人“惺惺相惜”的感觉。所以所谓的“合时宜”，就是在合适的时间揣测他人的心思，并适时做好。也许我们还不知道怎样的分寸才是适度的，怎样待人接物才是有智慧的。但我们一定要掌握几个原则：认清自己的身份，认清对面人的身份和性格，认清时间和场合，遵守规则。总之，用这几个原则衡量你说话做事的分寸，就不会出大的纰漏。

第三，站在对方的位置上去思考。凡事肯为他人着想的人，一定会得到更多的理解，一定会更有人缘，做事往往无往而不利。在工作和生活中，年轻人往往以自己为中心，站在自己的角度去看别人，却很少从别人的角度去想事情，很少顾及别人的感受。我们要有“己所不欲，勿施于人”的智慧，多反思自己，少要求别人；少苛责，多宽容。我们需要一种换位思考的能力，一种将心比心的理解。与人方便，就是与己方便；宽容了别人，也就是解脱了自己。只有我们用理解和宽容对待每一个人，才能把敌人变成朋友，把朋友变成手足。在工作中，面对客户、同事和上司，我们要像关心自己和亲人一样去关心他们的利益、满足他们的需求，由己度人，才能时时顺利，事事成功。我们懂得的人情世故可能还不够多，不够充足。但我们要想一想，自己到底懂得多少人情世故；有多少是我们不懂的？有多少是我们懂的，但做不到的；有多少是我们在做，但还做得不够完美的。

20岁以后，我们一定要知道，世界并不像我们想象得那样完美，人情也不像我们想象得那样简单。人情练达不是一件轻轻松松就可以做到的事，我们要用自己的一生来领悟、体会和学习，不断反思自己在为人处世方面存在的缺陷，才可以懂得更多的人情世故，做到世事洞明，人情练达。才能避免更多的敌对，为自己的成功奠定更坚实的基础。

你到底为什么而工作

就要找工作了，我们面对形形色色的招聘启事，面对无数的工作岗位，要怎样去选择呢？挣钱还是挣经验？重发展前途还是重福利？重眼前的利益还是重长远的打算？这是一个难以抉择的问题。我们都希望可以兼得，但是世上的事往往都是有失才有得，如果我们仅仅为了挣钱去工作就会失去工作带来的另一层意义。

雷锋说过一句话，“吃饭是为了活着，活着却不仅仅是为了吃饭”。我们的工作也有挣钱以外的意义。有的人工作是为了有口饭吃，有的人工作是为了吃口好的，有的人工作是为了将来不工作，有的人工作是为了干一番事业，实现抱负……不管怎么样，你应该明白，工作挣钱本身并不是奋斗目标，它只不过是达到目的的一种手段。明白了这一点，我们对工作的选择和在工作中所持的态度，就会更清醒、更明确，也就会更加持重，而不会急功近利。

很多年轻人通常对最初的几份工作都不太满意，“给我多少钱，我就干多少事。”“一个月发那么点的工资，还想让我加班，没门儿！”他们只看到眼前的工作带给他们的直接利益，而没有看到工作带给他们的发展，也就是你在工作中经验的增加，处事方法的渐渐熟练，技术能力的进一步提升，随着你的认真工作，你可能得到的机遇会渐渐增加等。对于工作太现实的态度，往往会葬送一个人的理想和未来。你想想，如果一个人整天怨天尤人，对工作敷衍塞责，那么他的情绪必定是消极的，态度必定是马虎的。工作都做不好，怎么可能有好的前程?

还有一些年轻人眼高手低，自认为才高八斗，对自己的期望值非常高。因此，无论他的实际工作能力如何，他都觉得这份工作配不上自己，自己应得的薪水和职位应该远远高于实际上拥有的。你要明白，无论一家公司怎样小，都不可能放心地把一副重担放在一个初出茅庐的年轻人身上，所以工作中的新人要给别人看清自己才能的机会，这样才可能得到重用。如果你因为失意，连目前职位上的事，都做得一塌糊涂，别人怎么可能放心把更重要的事情交给你做，更重要的职位给你呢？你又怎么会获得更丰厚的薪水呢？所以，我们唯一的做法，就是在本职岗位上做出一番成绩，取得一定经验，才可能得到更好的发展机会。要知道公司都是根据一个人对公司做出的贡献，来确定他的薪水和职位的。所以，要想多挣钱，就要为公司多做贡献，要想多做贡献，就要在你的职位上收获更多经验。这样，即使老板不给你加薪，你也有了跳槽的资本。

甚至有一些年轻人，他们频频跳槽的原因，不过是因为同时毕业的某位同学或朋友有一份比他的社会地位高、薪水更丰厚的工作。因为羡慕、嫉妒或者攀比心理，觉得自己不应该只取得这样低的报酬，而应该得到比他更好的工作和薪水。所以等不及把岗位上的事情都做透，取得一定的经验，就跳槽另谋高就去了。你要知道，每一次跳槽都要在新的岗位上适应一段时期，在人际关系上有一段磨合期，这段日子里也许你只顾磨合，什么成绩也做不出。所以，太频繁的跳槽，就等于空耗自己的内力。无论什么样的人，都是经不起攀比的。一个人开始创业时，他的薪水甚至是负的，他可能扛着几百万元的负债，如果这时他选择退出，寻找高薪工作，那他的债务可能十年甚至更久才能还清。而如果他坚持创业，不断获得有用的信息，锻炼自己的眼界和增加自己的经验，那么不久机会就可能降临，也许一年就能够扭亏为盈，他所获得的就不仅仅是几千块钱的薪水，而是无比丰厚的利润了。所以，做人不要盲目攀比，从你的职位上你可以获得什么，你会有怎么样的发展才是最重要的。

上面我们只是分析了几种不满意自己薪水，不认真做事的心态原因，那么，20岁以后，我们做事要更看重挣钱呢，还是要更看重获得的经验呢？

这就是一个关于“鱼”与“渔”的选择。薪水就是所谓的“鱼”，而经验则是“渔”。你想要获得更多的鱼，就要掌握钓鱼的方法与技术。二十几岁的年轻人，正是求“渔”的好时机，我们应该把目光放得长远一点。学会了“渔”，还怕将来没有“鱼”吗？在工作中，不断地寻找捕鱼的更好方法，总结渔猎经验，才能够得到更多的鱼。在这个过程中，渐渐独当一面，抛弃“薪水”的束缚，才是最重要的。满眼都是鱼的人，往往看着鱼欢喜，而忘了学习渔术，所以“临渊羡鱼，不如退而结网”，获得经验才是最重要的。

收入只是工作的副产品，只要做好你该做的事，出色地完成你该完成的工作，理想的薪金必然会来。在选择工作之前，我们应该明白自己想要的是什么，是钱还是真正的成长，这样我们才能做出无悔的选择。对于我们来说，薪水固然重要，但比薪水更具价值的，是工作背后的自身的成长。工作虽然是为了生存，但比生存更重要的是实力的提升。只要自己的实力提升了，何愁薪水不涨？薪水是有限的，实力的提升却是无价的。

二十几岁的时候，我们经常抱怨自己的工资太低、奖金太少。我们常常以玩世不恭的态度对待工作，或者消极怠工，或者频繁跳槽，甚至怨天尤人，埋怨自己生不逢时、明珠暗投。工作做得一塌糊涂，表现乏善可陈，事业升迁更是遥遥无期，还埋怨自己怀才不遇，这是令人感到可笑的。事实上，如果我们不把自己的眼光紧紧盯在薪水上，而是注重学习、成长的机会、职业经验的积累、为人处世的磨炼等，我们就会取得更长足的进步，薪水也就源源而来了。

薪水并不是我们从工作中所能获得的全部，它只是其中的一小部分。我们要意识到，目前的工作可能不是我们想要的，但如果不把这份工作做好，那么这份工作我们将有可能做一辈子。如果我们只能看到工作带给我们的薪水，那我们就只能成为一个为薪水而工作的打工者。

抛开急功近利的想法，不要盲目地为追求高薪或其他眼前利益而心浮于事或不断地跳槽。心浮气躁对于眼前的工作最不利，我们要安下心来，踏实地做好工作中的每一件事，并适时盘算自己的未来，才可能不断成长。做事要注重于你的目标，思考要注重于你希望解决的问题。我们希望得到金钱，还是更有前途的事业？任何一个希望有作为的年轻人，都会做出正确的回答。有时我们不过因为眼前的繁华遮蔽了我们的双眼，或者攀比的心理让我们的心动飘摇不定。我们要做到心如磐石，清醒自觉，就要有宽广的眼界和坚定的信念。“不畏浮云遮望眼，只缘身在最高层”，我们要把自己的志向定得高一点，更高一点，我们才会看到的更多，更清楚。

厌烦于眼前的工作的时候，多想一想我们是要挣钱还是要挣经验，就会让自己平静下来，心平气和，严肃认真地对待眼前的工作，才会获得更有价值的人生。

培养自己良好的习惯

我们的行为通常受到品位、情感、偏见、欲望、爱、恐惧、环境和习惯的影响。其中最重要的就是习惯，我们的日常行为会受到习惯的支配。一个男人成熟的标志，就是能有意识地培养良好习惯，戒除坏习惯。

20岁以后，我们的很多习惯都是难以更改的，但为了我们将来能更顺利地闯荡社会，我们必须戒除不良的习惯。戒除坏习惯的最好方式就是养成好习惯，这也是自然法则，因为只有一种习惯才能抑制另一种习惯。养成良好习惯的最好方法就是重复。一个动作经过21天的重复，就能变成习惯动作。而要使这种习惯固定下来，需要3个月的努力。也就是说，我们要有意识地重复做一些事，形成好习惯。举一个简单的例子，比如我们希望自己养成微笑的好习惯，只要我们早上出门之前，对着镜子练习一番，并在接下来的日子里坚持这个动作，21天以后，微笑就会变成我们的招牌表情，最多3个月以后，无论我们遇到了怎样的困境，或者怎样的刁难，我们都能微笑着去面对。

交际的规则是“伸手不打笑脸人”，时常微笑会使我们的很多工作变得非常顺利，人们对我们也发不起脾气来。渐渐地，我们的这个习惯也会影响身边的每一个人，使自己的工作和生活环境变得更和谐。多数生活在一起多年的夫妻，都有夫妻相；而大多数在同一个部门工作的同事，都有类似的表情；多数成功的卓越人士都有类似的仪表，这不是偶然的。“相由心生”，有怎样的心境，就会有怎样的相貌；培养心境是一个长期的过程，姿势、仪表的培养却是我们能够掌握的。

从现在开始，我们要养成哪些好习惯，才能对我们20岁以后的事业有帮助呢?

第一，读书、思考的习惯。“腹有诗书气自华”，养成手不释卷的习惯，有利于提高我们的品位，增广见闻。培根在《论读书》中写道：“读史使人明智，读诗使人聪慧，演算使人精密，哲理使人深刻，伦理学使人有修养，逻辑修辞使人善辩。”总之，“知识能塑造人的性格”，要想拥有高尚的品格、不俗的品位、宽广的眼界和心胸，读书是一个好的方式。

读书让人宽广，思考让人深邃，两者缺一不可，正所谓“学而不思则罔，思而不学则殆”。学会从读书中思考问题的根本，总结规律，才能使我们更清醒、更明确，而保持记录自己思想的习惯，则能让我们的思想明晰起来，自成体系，形成明确的世界观和人生观。

第二，统筹安排、保持秩序的习惯。我们每天都要洗手、洗脸、刷牙，这些最平常的事，除了它本身的意义，还给了我们什么额外的价值？它还给了我们生活中最重要的东西——秩序。我们有的人做事有条不紊，有的人做事手忙脚乱，为什么？因为有的人养成了事前计划，统筹安排，做事井井有条的良好习惯，他们的事情总是安排得恰到好处，时间也总是宽松有余；而有的人则没有，他们事前不会做计划，也不会统筹安排，做事也颠三倒四，整天生活在一片混乱当中，天天忙碌，却没有成效，时间总是很紧张。我们要想养成有秩序的习惯，不妨在早上上班之前，想一下今天要做的事，安排一下日程表，然后按照行程走。我们每天总有一些固定的工作，也总有一些意外的事，留出处理意外事件的时间是必需的。制订每天的计划，并按照计划做事，一段时间以后，我们就会养成做事秩序井然的习惯。

第三，自我暗示的习惯。自我暗示，是我们用来挖掘心理道路的工具。要想把某种想法或欲望转变成行动或现实，就要不断地进行自我暗示，让此种想法保留在你的意识当中，直到它变成不自觉的潜意识和永久性的形式——习惯。以幽默为例，开始的时候，你可能每天都要暗示自己讲话要幽默，要让大家觉得如沐春风，即使是冷笑话，你也要尝试。三个月后，幽默就很可能变成你性格的一部分。再复杂的事也是一样，开始不断告诉自己“我要怎样”，直到后来，你不用想也会知道怎样做。自我暗示除了帮助你养成习惯以外，还有很多益处。有的人不断进行愉快、放松的自我暗示，因此他的精神和情绪也总是处在轻松愉快的状态之中，做什么事都举重若轻，人际关系也总是处于很好的状态。总之，找几段愉快、积极的自我暗示性的语言，不断地对自己说，对于自己心性的养成会有很大的益处。

20岁以后，我们许多生活上的习惯早已形成，但还没在工作上养成坏习惯，我们还有时间、有机会考虑一下在我们的工作中有意识地培养出好的习惯。尝试一下，有意识地培养好的习惯，会让你终身受益。

常立志不如立长志

20岁的人已经是一个男子汉了，我们没有任何理由再纵容自己。我们要有志气，做到“富贵不能淫，贫贱不能移，威武不能屈”。每一名刚刚步入社会的年轻人，都有自己的理想，但并不是每一个人最终都能够实现。原因在哪呢？就在于我们能否坚持自己最初的理想志向。所谓“有志者，立长志；无志者，常立志”，意思是说有志气的人，只要有理想或志向，就会长期坚持下去；而没有志气的人，会今天设立一个志向，明天又立一个志向，但哪个也不能持久坚持。

在现实生活中，常立志的年轻人比比皆是，他们常常觉得成功不易，其实，那是因为他们缺乏坚持的精神。我们既要有志向，也要有志气，能够实现志向，扬眉吐气，不能窝窝囊囊地过一辈子。每一个人的心中都有一个关于未来的梦想。为了实现这个梦想，我们必须严格要求自己，遵守人生的规则，远离那些可能使我们半途而废的诱惑和陷阱。但生而为人，谁无七情六欲？更何况二十几岁的年轻人，我们爱面子，好冲动，做事不计后果，要控制自己的行为谈何容易？一个人最大的敌人，往往不是别人，而是我们自己。在这个过程中，能够自律的人，往往能登上人生成功的高峰。

怎样使自己成为一个有志气的男子汉？怎样使自己拥有不屈不挠的精神和坚忍不拔的毅力？这不是朝夕之功就可以做到的，但通过锻炼，我们中的大多数都能够做到。有远大的理想，做一个自尊自重的人，在内心里，绝对不要把自己和那些混吃混喝，每日无所事事，或者浑浑噩噩过日子的人等同起来，做一个清醒的人。清楚地知道自己想要的到底是什么，规划好每一个阶段的目标，眼前的目标会不断地提醒你要做什么。

一个清醒的人，凭着对于理想的执着，凭着对于计划的一步步实行，能够做到思想清明，对于未来有明晰的规划，把握人生的每一次机会。更要有积极的行动，做一个勇于尝试的人。21世纪是一个“快鱼吃慢鱼”的信息时代，生活如逆水行舟，不进则退。只有勇于尝试，立刻行动，才能使我们在激烈的竞争中获得更有利的位置。一个有成功潜质的人，他们会不断地改善自己的行为和态度，他们总是希望自己更有能力，更有活力，以一种更积极的态度对待人生。相比之下，很多人饱食终日，无所用心，永远不学习，不成长，每天在抱怨一些负面的事情，永远没有一个值得追求的目标，日子过得浑浑噩噩。衡量一个人成功与否，与金钱无关，与年龄无关，关键在于是否抱有理想，是否勇于进取，是否永远保持清醒的状态。

网易的创始人丁磊，大学毕业后，回到家乡，在宁波市电信局工作。电信局旱涝保收，待遇不错，但丁磊常有一种难尽其才的苦恼。1995年3月，他准备从电信局辞职，遭到家人的强烈反对，但他去意已定，一心想出去闯一闯。他选择了广州。初到广州，在陌生的城市，面对如织的行人和车流，丁磊越发感到财富的重要性。最现实的是一日三餐总得花钱吧？总不可能睡在大街上当乞丐吧？不知道去过多少公司面试，不知道费过多少口舌，凭着自己的耐心和实力，丁磊终于在广州安定下来。1995年5月，他进入外企Sebyse工作。1997年5月，丁磊决定创办自己的网易公司。此后，在中国IT业，丁磊成了举足轻重的人物。自从2001年年底推出网络游戏《大话西游》以来，网易已经从网络游戏领域的“小人物”变成该领域的巨头之一。

职业还是事业？安安稳稳地过日子还是在社会上闯荡一番，成就一番大事业？是每一个20岁以后的人都要思考的事。

人要重视自己想要什么样的人生，想成为什么样的人。重视自己的志向，做一个有理想、有志气的年轻人，是时代赋予我们大多数年轻人的使命。“国家兴亡，匹夫有责”，现在我们的国家正处在经济上升期，国力还不是很强盛。要想“兼济天下”，我们就必须先使自己有足够的能力照顾自己，先成家立业；然后再可以考虑为社会做贡献。一个无所作为，连自己的生存都无法顾及的人，还谈何济天下？20岁以后的人一定要重视自己的生存问题，更要重视自己的理想，做一个有志气的人，不要窝窝囊囊地度过一生。

积极进取，才能够不断变化

人类之所以能够不断进步，就是因为人们有不满足的心态。积极进取，才能够不断进化，人类文明才会不断发展。很难想象如果一个人对于自身的一切都是满意的，他还有没有必要取得进步，如果一直不进步，停在原点。他很快就会被人超越，逐渐变得微不足道，最终落后于众人。

二十几岁的年轻人一定要有不满足的意识，有不断进取的心态，才能够不断取得进步。一个人无论什么时候都不能满足于现状，否则就会被不断发展的社会所淘汰。不思进取是我们成功路上最大的障碍，我们一定要学会居安思危，不要让自满意识阻挡了我们成功的脚步。

一个童话故事中，有一位王子降生了，国王很喜欢他，于是宴请了很多仙女为他祝福。每一名仙女都带来了珍贵的礼物，第一名仙女带来了智慧，第二名带来了力量，第三名带来了财富，第四名带来了健康，第五名带来了英俊，第六名带来了爱情，国王非常高兴地收下了。最后一名仙女带来了“不满”，国王却拒绝了，“我的儿子应有尽有，怎么能够让他不满呢？”国王很不客气地对她说。

很多年过去了，小王子长大了，继承了王位，他英俊潇洒，健康聪明，却没有雄心壮志，没有建功立业的抱负，从来也没想过改革创新，励精图治，他身边也没有让他不满的事，没有理由促他奋进。大臣们也渐渐变得不思进取，没多久，他的国家很快变得贫穷落后，被邻国吞并了。

现实中，我们看到很多人对于自己的生活感到非常满足，他们沉浸在自己平稳的幸福之中，既不急于获取财富，也不屑于争取地位。他们对自己的生活非常满意，因此，能够做到90分的事，绝不努力做到100分，只要能够维持现在的生活，他们绝不想明天怎么办。结果，他们总是被后来者代替。满足的心态会毁掉我们创业的激情，毁掉我们的雄心壮志，我们只有不满足，才能够不断奋斗、不断进步。

清朝的时候，我们的国家还是一个非常强大的国家，却因为封建帝王自满自大，不思进取，闭关锁国，终于招致列强的侵略。历史的教训还不够惨烈吗？不满才是滚滚向上的车轮，社会是不断向前发展的，如果我们满足于现状，不就像逆水行舟，不进则退吗？从另一个方面来说，满足于现状，就会引起骄傲自满，自视无人能及，这样也就会让自己树立更多的敌人。

“满招损，谦受益”，满足的人往往喜欢留恋昨天，沾沾自喜，自以为是，总认为自己有多么了不起，自己有多少证书，多少荣誉，因此最易不思进取，也最易落后。在明白自己拥有什么之前，我们应该思考自己还缺少什么，并不断为自己缺乏的东西努力，我们才能获得成功。如果我们没有缺憾，社会怎么会进步呢？因为我们在夜晚缺乏光明，所以爱迪生发明了电灯；因为我们在冬天缺少温暖，所以有人发明了暖气；因为我们平凡人很难看到整个世界，所以我们现在有了网络。对于更舒适的生活来说，我们缺乏的东西还很多。比如我们拥有温暖，却缺少温情，也许谁能帮我们提供这种日渐稀缺的东西，谁就能赚取更多的财富。满足别人的需要，我们就能赚钱。而如果我们意识到自己的不满，清楚别人的不满，我们就能掌握社会的趋势。只要掌握了社会的趋势，我们就能够顺潮流而成功。而最重要的，就是我们要寻找人们不满足的切入点在哪里，也就是人们需要怎样的产品和服务。

人类社会经过不断的变革才能够进步，才能够更壮大。只有居安思危，把祸患消弭于无形才是最重要的事。二十几岁的人大多胸怀大志，却不知道从什么地方入手才能够取得成功。也许这正是一个答案，从人们不满意的地方入手改造这个世界，我们就能够实现自己的理想。

第 02 章

塑造品质——有修养的人更受欢迎

人格是个体认知、情感及行为过程的复杂组织，它赋予个人生活的倾向性和一致性，人格包含了过去的影响及对现在和未来的建构。20岁塑造的人格，将会令30岁的你魅力翻倍。

圆融藏锋，低调才能成大事

20岁以后，我们要懂得一些职场人的心理，为人处世要更重视一些圆润藏锋的智慧。作为一个职场新人，你是喜欢和自己能力一样的人，还是喜欢能力比自己强，比自己有才华的人，还是喜欢能力差的人？普通人都有一样的心理，那就是：一个人如果地位比你高，但才华不如你，你就会看不起他；如果地位和你一样，能力高过你，你就会嫉妒他；如果地位比你低，能力也比你差，你就会以一种同情弱小者的眼光看待他。

工作中，那些锋芒毕露的新人，必会因为自己的才华与地位不符而产生愤懑的情绪；而他的同事则会因为他的才华而嫉妒他；他的上司则会因为恐惧才华横溢的新人会取代自己的地位而不委以重任，让他有力无处使，有才无法施。所以，一个人要想成就大业，只凭自己的一腔热血，横冲直撞地做事是行不通的，那样迟早会招致所有人的不满，使自己“壮志未酬身先死，长使英雄泪满襟”。

一个人要想成就大业，是要讲求时机和机遇的。时机不成熟之时，我们锋芒毕露，就容易招嫉，给自己树立敌人，在成大业之前就会遇到很多虽然不大，但很麻烦的阻力。无论多么小的阻力，都会给我们的前进带来数之不尽的烦恼。一块很小的石头，虽然不足以把我们绊倒，但是也会硌我们的脚，如果我们要走的路上，处处都是硌脚的石头，不也是让我们筋疲力尽吗？

每个人在成功的途中都会遇见几个小人，而我们所有人几乎都有嫉妒的心理，只不过有些人处理得好，有些人处理得不好罢了。我们怎样才能躲过那些处理不好自己嫉妒情绪的人所放的明枪暗箭呢？这就要求我们韬光养晦，收敛锋芒，静待时机。

所谓“峻峻者易折，佼佼者易污”，就是说往往山峰顶端的那块石头会被风吹断，洁白的衣物更容易被玷污，自视清高、性格刚直者容易招祸。锋芒不可太露是有一定道理的，过分显露一则易遭人嫉妒，惹人眼红；二则起调太高，会让自己陷入被动。但隐藏过深也是不明智的，锋芒毕露、狂妄自大的人固然让人觉得反感，但深藏不露、城府过深的人同样会让人觉得难打交道。我们要靠自己的修养见识，和对社会人生的深刻体会，把握锋芒藏露的度，做到锋芒内藏，神气内敛，藏露有度。我们要做到适度收敛锋芒，不为锋芒所累。一个人就算拥有再多的才华，再会表现自己，都要懂得适度收敛。如果一个人过于看重自己的才华，忽略他人的感受，就会变得高傲，孤芳自赏，最终会受到他人厌弃。

从另一方面来讲，不懂得适度收敛，也表示一个人没有真才实学，他可能很有才华，却不通世故。一个有真才实学的人，不但要有能力，更要懂得为人处世的哲学；学问是一方面，能力是另一方面。能够成大事的人，不但要学问高深，更要有平衡人际关系的能力。平衡人际关系的能力，也是一种才学。不懂得它，就等于没有处世的智慧，只有知识学问而没有智慧，同样也不是拥有真才实学。

无论是在职场闯荡还是创造自己的事业，都离不开跟三种人打交道，上级领导或者能帮助你的人；同事或者合作者，竞争对手，客户；下属，求你帮忙的人。无论跟哪些人打交道都要学会隐藏锋芒，静待时机，这样才能够成就大业。

当今社会，不会与领导交往相处，就等于自断出路。与领导交往要注意藏锋，也就是不炫耀自己的聪明才智、不反驳对方所说的话。不是人人都可以做到恰到好处，如果没有掌握得恰到好处，反而会弄巧成拙，让领导以为你是个城府深的人，或者只会唯唯诺诺，没有才能。不仅要让领导看到你能力不错，值得提拔，还要让他以为你不会超越他。只有掌握这样的分寸，才算懂得了与领导相处的技巧。杨修不懂得隐藏自己的锋芒，处处显示自己比曹操高明，不仅自己丢了脑袋，同时也毁了曹植的前途。司马懿为人处世处处小心谨慎，从不暴露自己的才能与野心，最终取代了曹氏，掌管了大魏江山。

与同事相处同时也要讲究分寸，彼此尊重，光芒太盛容易招嫉，还可能招来小人的陷害。庞涓与孙膑师出同门，但因为孙膑在兵法计谋方面比庞涓更胜一筹，结果被庞涓设计陷害，挖掉了膝盖骨。当然，最后庞涓也死在了孙膑手中，师兄弟二人没有一个好下场，不能不说是二人不懂得隐藏锋芒、彼此谦让的后果。与同事拼个你死我活、鱼死网破是最不值得的。关键时刻让一步，韬光养晦才是上策。

作为领导，也要学会与下属相处，领导也要学会大智若愚，难得糊涂，宽容下属的错误，懂得冷处理艺术中的巧妙手段。领导者事业有成，难免会得意忘形、锋芒毕露。若不知收敛，一味卖弄奇巧，甚至逞强斗勇，定会伤及上下左右，招致诋毁诽谤，最终落个聪明反被聪明误的下场。

所以，收敛锋芒、明哲保身不但是一种处世哲学，更是一种人格魅力的表现，宽容忍让、平和亲切的人会得到更多人的赞赏和钦佩，他的人格会得到更多人的认同，也就更容易成就大业。

20岁以后，我们更要懂得这些，让自己从狂妄轻浮中走出来，走向含蓄、厚重，不断积累学问，锻炼才能，培养人格魅力，才可能从平凡走向优秀，从优秀走向卓越。

淡泊名利，诚信待人

20岁以后，我们要做到以诚待人，在利益面前，既不要让物欲遮蔽了双眼，做出不正当的竞争；也不要做出违心退让之事，让别人觉得你是个伪君子，或者另有企图。以诚待人的原则就是，真诚地面对和你竞争的对手，告诉他你也希望得到那些利益，因为你也是一个凡人，名利面前谁不动心；同时也要让他知道，你不会为了利益，做出违背良心之举，你们要进行的将是一场公平的竞争。

生活中有两种人最令人们讨厌，一种是小人，两面三刀，自私自利，为达目的不择手段；另一种就是伪君子，假仁假义，平时装作一副万事不放在心上，淡泊名利的姿态，实际上野心最大，爱搞阴谋诡计，既好名声又重利益。其实，如果没有经过一定的风浪，人们是很难摆脱名利的诱惑的，很难做到淡泊名利。

在人们面前羞于提钱，那是一种虚伪。爱钱，爱物质生活，是每一个正常人都会有的欲望，谈一个人成不成功，缺少不了对他的地位、名望和拥有的产业、金钱的评价。人人都说讨厌物欲横流的世界，但哪个人是离开了物质而生活呢？我们都不是颜回那样的圣人，做不到“一箪食，一瓢饮”，唯一能做到的就是坦然地承认自己对利益的向往。连李白那么潇洒的人，在接到皇帝要他去做官的旨意时，都忍不住吟道：“仰天大笑出门去，我辈岂是蓬蒿人。”魏晋时期最讲究风度，对于孔方兄的轻视达到了史无前例的程度，称钱为黄白之物，甚至连一些浪荡公子都不屑于提钱这个字眼，怕因此会被人认为“俗”。一个女人为了刁难一个浪荡公子，故意在睡觉时，在他面前堆满了钱，看他怎样称呼，浪荡公子一觉醒来，揉着惺忪睡眼说：“快把面前的阿堵物移走。”如此这般，却也没有避免为后世人所哂的结局。做一个诚实的人吧，谁不喜欢锦衣玉食，谁不喜欢前呼后拥，谁不喜欢被人追捧？我们要努力修炼才能做到无欲无求的境界。所以，在有欲求之时，做到对自己诚实，对朋友坦白才是最重要的，我们内心有自己的原则，应当明白不可以通过哪些手段去获取钱财和权力。但在正当的利益面前，我们也不要违心，装出一副对钱财和权力不感兴趣的样子。那骗不了自己，更骗不了别人。人们是不会欢迎一个虚伪的人的。

和别人有了利益冲突，我们可以选择“退一步”和别人分享利益，也可以选择公平竞争，但是，如果把对利益的不在乎表达为对别人的一种蔑视和不尊重，即使你在利益上礼让了别人，也得不到敬佩和尊重。在利益面前，不抢，不让，正当竞争，是对有尊严的对手的一种尊重。他赢了，赢得光彩，输了，也输得甘心。正如高手过招，故意让对方就是侮辱对方一样。面对一个有尊严的竞争对手，公平竞争既是对别人人格的一种尊重，也是对自己人格的一种完善。从另一方面来讲，“将欲取之，必先予之”，如果你在利益面前违心让着别人，通常也就意味着你想要得到更有分量的东西。比如，你想得到的并不是具体的某次利益，而是人心；不想得到一笔奖金，而是要为升职时减轻竞争压力或在上司心里赢得好的印象；如果你是二把手，眼里却没有利益，通常对于一把手来说，就是一种威胁，会引起一把手的猜忌。有具体利益要求的人好应付，无欲无求的人通常更加难以把握。所以，利益面前别违心，还是诚实一点儿比较好。

但同时，在利益面前不违心，也要做到公平竞争，不能为了利益而无原则地行事。为了升职加薪搞歪门邪道，请客送礼，托关系，走后门，这些更是为人所不齿的。伪君子固然可恨，真小人也为世人所不齿。所以，我们要做到持身正直，待人诚实，待己更要诚实。如果你是一个谦谦君子，在利益面前，乐意谦让他人，固然会赢得大家的赞誉；如果你不想谦让，希望取得自己应得的利益，那么，正当竞争也无可厚非。做一个诚实的人，树立自己的诚信形象，比一两次的谦让更加重要。

一个人心胸不够宽广，顶多是个不受欢迎的人；而一个人虚伪，就是一个令人极度厌恶的人。20岁以后，我们要知道怎样做一个让人尊敬佩服的人，即使暂时做不到，也不必懊恼。没有人生来就是伟大的，伟大的品格都是培养锻炼出来的。先做到不自欺欺人，然后做到谦谦君子，也不失为锻炼自己品格的好程序。

心中有空间，才能容纳更多

老子在道德经中说："埏埴以为器，当其无，有器之用；凿户牖以为室，当其无，有室之用。"意思就是说，陶土做成器具，当器具中间是空的，才有用；建造房屋，开设门窗，只有中间是空的，人们才有房子住。我们做人也是如此，只有虚心的人，才能不断完善自己，才会更有价值。20岁以后，我们要懂得虚心的人更受欢迎的道理，不但是因为谦虚的人更容易被人们尊重，而且因为谦虚的人，更能取得成长和积累。

你知道一个企业，凭什么给员工工资和职位吗？绝不是凭你已有的学历，或者你的能力、你的资历，而是凭你对公司做出的贡献，也就是你的使用价值。即使你学历再高，能力再强，没有为公司做出一定的贡献，企业也不可能长期地容纳你。就算你没有学历，能力平庸，但凭着你人脉广，为公司带来了客户，相信公司也会允许你适当地闲一些。相信每个公司都养着几个“闲人”，但这些人绝不真闲，关键时刻，他们的一句话顶得过别人半年的努力。所以，不要看到一个人整天无所事事，就蔑视他，或者效仿他，他无所事事的存在，有一定的合理性，而你如果不努力，就会被淘汰。因为他是用“闲”为公司做事，而你是用忙碌和能力为公司做事。

一个人的价值取决于他有多大的使用价值。所以，为了使你自身增值，唯一的办法就是增加你的使用价值。一个人身价百倍，是因为他能创造千倍的利润。所以，唯一使自己价值倍增的办法，也就是不断地完善自己，使自己能够创造更多的价值。怎样才能不断完善自己呢？

首先，意识到自己的不足。如果一个人骄傲自满，认为自己无所不能，他怎么会想到要完善自己呢？即使一个人在自己从事的领域达到了登峰造极的地步，一定还有一些事是他所不明白的，要知道，学问是无限的。只有意识到这一点，我们才能不断追求进步。牛顿在物理学领域可以说是一位登峰造极的大师，他发现了万有引力，建立了经典力学概念，因此在晚年有些自满，以铁腕统治着皇家学会，以为当世之后，不会有比他更伟大的科学家，当他遇到难以解释的天体运动时，竟提出了“神的第一推动力”的谬论。他的思想停留在机械运动的领域没有改变，因此没有了更伟大的发现。但1905年，爱因斯坦提出了质能方程式后，建立了相对论，提出了天体运动的规律，使人类对物理学领域的认识向前迈进了一步。所以，一个人本身无论多么伟大，都有他自身的局限性。如果骄傲自满，不能意识到自己认识上的不足，不能意识到自然和社会的无限性，就会使自己待在一个小圈子里，无法进步。

其次，认识到别人的长处，孔子说：“三人行，必有我师焉。”如果我们虚心处世，遇到不懂的问题，善于向别人请教，一定会在不同的方面得到完善。你周围的人，在不同的方面肯定有他的优势，有的人业务能力比较强，有的人做事细心，有的人人际关系处理得比较好，总之每个人都有自己的优势，如果我们能够看到别人的优点，向别人请教，不断弥补自己的缺点，就能够成为在不同方面都比较优秀的人。以彼之长补己之短，才会得到长足的进步。有时候，我们自以为是，经常抓住自以为高明的见解不肯放开；躺在曾经取得的成就上不肯继续努力；抓紧取得的职位不肯放松。这样导致的结果往往就是无法继续成长，无法获得进一步的超越，导致后退乃至更严重的错误产生。一个人只有懂得放手才会获得更多。

从前有个女人出嫁之前，曾问母亲怎样才能抓住丈夫的心。母亲让她拿了一把沙子，越抓越紧，结果手中的沙子越来越少，最终都没有了。而母亲摊开手掌双手捧着沙子，沙子则始终满满的。母亲教育女儿说："当你紧抓不放，反而会什么都得不到；适当放手，才会得到更多。"

这个故事教给我们放手的道理，只有手中有空间，才能容纳更多，也就拥有更多。只有敞开胸怀，内心有空间，也就是虚心，我们才能学会更多，完善自我。紧握双手会使我们一无所有，张开臂膀，我们拥有一切。所以，当我们自满或者在事业中遇到瓶颈，或者在某一方面已经达到顶峰，不可能再取得更大的发展时，只有懂得放手，清空自己，使自己重新在另一个领域发展，才能取得更大的成就。就像一个杯子，只有倒出盛满的水，才能容纳新的水。我们要懂得适时清空自己，认识到自己只有成为一个空杯子以后，才能盛进更多的水。

大解脱才有大超越，不断放下才能不断进步。人生就是一个不断循环的过程，认识到自己的不足—取得进步—达到目标—倒空自己—认识到自己的不足。循环往复，才可能不断完善自己，而这一切的基础就是虚心处世。

20岁以后，我们要认识到这一点，只有虚心的人才能不断取得进步，只有不断进步，才可能达到成功。而一个骄傲自满的人是不会认识到这一切的。时刻认识到空的智慧，"天之道，损有余而补不足"，让自己做一个不足的人吧，永远虚心，认识到自己的不足，不知足，不满足，才会取得更高的成就，得到更多尊重。

小事体现教养，细节展现素质

一个人的修养会表现在生活和工作的方方面面，最重要的就是表现在他的工作礼仪当中。当然，一个有礼貌、品德高尚的人，他的修养会随时表现出来。有的人在工作、社交中会时时注意自己的形象，在私下里却尖酸刻薄，没有教养。有的人在面对熟人时表现得彬彬有礼，在面对陌生人时则会蛮不讲理，得理不饶人。有的人则面对陌生人时给人极好的印象，久而久之却会在熟人面前，露出没有教养的狐狸尾巴。有人在大庭广众之下一派绅士淑女风范，私下里却品格低下，无所不为。有的人在平日里尚能维持自己的好形象，而一遇到特殊事件则会风度全无，让人跌破眼镜。一个品格高尚者，应该表里如一，他的形象和他的人格魅力应该是一致的，在生活、工作、交往应酬中应该随时表现自己的修养。

小事体现教养，细节展现素质，以下细节能帮助你提高自身修养，体现交往的艺术。

第一，女士优先。在任何场合，“女士优先”都是男士展现自己风度和教养的最佳途径，为女士开门，拉椅子，请女士优先，懂得在发生争执时让着女士，这些都是最基本的绅士表现。男人遇事要有意识地让着女人几分。这不但有利于安定男女之间的团结，而且此举还可展示出男人在女人面前良好的风度和风范。对于女士、孩子、老人的真诚的关心和照顾会让我们显得更加有教养。无论是在社交场合还是在私人场所我们都要有照顾弱小的自觉性。

第二，处变不惊。处变不惊是最基本的礼仪，也是一个人文化教养最好的体现。一个人在平时维持彬彬有礼并不难。可是如果遇到突然变故，如遭到了意外的冒犯或很高的期望值落空时，就会失态而暴露出本来面目。因此在非常时期、非常状态下保持良好、镇静的言谈举止，更能体现一个人的修养。一个人在平日保持温文尔雅的好形象和绅士风度并不难，难的是在遭到他人嘲讽的时候，还能镇静应对。在别人对他发难的时候，他不会被对方的态度激怒，能够克制自己的情绪，礼貌地对待对自己不善的人，才能在气势和语言上让对方知难而退。在遭遇不可预料的糟糕情况时，能够镇定自若，处变不惊，先顾他人，才是一个有修养的人。关键时刻的处变不惊，那是几十年锻炼下来的涵养。非有一定功底不可能做到，我们平时就要锻炼自己"养气"的功夫，一个人在意外来临时反应镇静，才算是达到了粗浅的处变不惊，要达到更高深的境界，则需要更持久的锻炼。

第三，懂得欣赏和赞美他人。人有修养的表现之一，就是能够真心地欣赏和赞美他人，在认同他人中，得到他人的认同。欣赏别人的过程，其实也是品尝和发掘自己的一项工程，如果不能完全释放自己的视野，就不会真心地欣赏他人，自己也会停滞不前。女人通常不能欣赏、容忍比她更加漂亮的、更具智慧的女人，文人也有相轻的毛病，然而，为了自己的成长，我们要学会欣赏别人，真诚地赞美别人的美好品格，在认同别人中模仿别人的优点，才能使自己的礼仪不断进步。

总之，无论在工作场合还是在社交场合，甚至私人空间，我们都要表现自己良好的修养，尤其在公共场合更要表现出良好的道德修养，比如坐电梯要朝着电梯口，告诉离按钮近的人你要去几楼，而不是自己伸手去按；在路上主动给长者让路，如果遇到熟人需要交谈时，要靠到路边或角落谈话。只有这样，才能习惯成自然，培养出良好的商务和社交礼仪。

20岁以后，我们一定要习惯表现自己的修养，让好教养从我们身体的每一个姿态、脸上的每一个微笑、自己的每一个言谈举止中慢慢渗透出来，让别人看到我们就想到一个风度翩翩、彬彬有礼的君子，一个有教养的绅士。这样的为人处世准则才会礼仪周到，才会得人心。

宽容是一种不可多得的美德

宽容是一种美德，只有心底无私的人才会宽容别人，也只有善于宽容别人的人，才能得到对方的宽容，得到他人的尊敬，受到更多人的喜爱，积累更多的人脉。20岁以后，我们一定要懂得宽容他人就是善待自己。也许我们还不太懂宽容的好处，但我们起码要明白宽容一个敌人，你就少了一个敌人，多了一个朋友；宽容一个朋友犯的错误，你就多了一个手足，你们的关系就会更亲密。

宽容的第一层次就是你对生活笑，它就会对你笑；你对生活哭，它就会对你哭。

从前有一个小孩对着山谷喊话，他说："你是一个坏小孩！"于是回音回答他："你是一个坏小孩！"他不断地重复这句话，于是回音也不断重复这句话。孩子气哭了，回去找他的妈妈，告诉妈妈山谷里有一个坏小孩，总是重复他的话，总是骂他。妈妈告诉他，你要好声好气地对待他，他才会好好对你。于是，孩子回到了山谷边，冲着山谷大喊："我原谅你了，我不再骂你了，你是一个好孩子，咱们一起玩，好不好？"结果山谷中也传来了："你是一个好孩子！"的回音。

虽然这只是一个故事，但其中蕴含的哲理却令我们深思。生活通常就像一个回声谷，你对着他人笑，他人也会对着你笑；你对着他人怒骂，他人也会对着你怒骂。俗话说"伸手不打笑脸人"，如果面对曾经的敌人或对手，你原谅了他，宽容地对他笑一笑，想必他也不会继续对你怒目相视，反而会融化在你的微笑里，折服于你的宽容大度。"相逢一笑泯恩仇"是一种大智慧，唯有心胸宽阔的人才能做到。

宽容的最高境界就是对某些事情、某些话语视而不见、听而不闻。如果一个人知道某人做了对你不利的事情，即使胸怀多么宽广，也难免怀恨在心，在面对这个人时，恐怕就做不到神色如常，不免会露出厌恶的神情来，心胸狭窄者甚至会报复对方。其实，对此最好的办法就是装糊涂，对一些事情视而不见，可以避免自己陷入仇恨与狭隘之中。

相传有一个故事，楚庄王在一次战役中取得了胜利，于是大宴群臣，并命自己的宠姬在旁服侍。群臣喝得大醉，忽然一阵风吹灭了蜡烛。整个宴会厅陷入了黑暗和混乱。其中一名大将趁机摸了宠姬一把，宠姬随手拔掉了他的帽缨，并告诉了楚庄王。楚庄王立即让内侍不要点灯，让大家都拔下帽缨继续宴饮。其中一名大将拔自己的帽缨时冒了一身冷汗，明白是楚庄王大度，饶了自己一命。一年以后，楚庄王领兵打仗大败，全凭大将唐狡拼死护驾才保住性命，楚王问及原因，才知他就是自己一时心慈，放掉的那名大将。

一个人如果知道某个人做了对不起自己的事，即使决定要宽容他，往往也心存芥蒂，做不到完全忘情。那么我们最好的做法就是不去知道，看不见，也就不会记得向谁复仇或者记恨谁，这就是更高一层的境界。在《康熙王朝》中，某大臣奉命禁海，迁渔民入内陆，结果众人挖了他的祖坟，官兵去追击那些渔民。他却说：“你们走吧，不要让我看见你们，以免我知道是谁挖了我的祖坟，心存怨恨。”如果我们做不到彻底原谅他人，倒不如索性不让自己知道到底谁是我们的敌人。

人人都是平凡人，与其勉强自己用宽广的心胸原谅别人，不如选择视而不见，目下无凡尘，反而是一种更宽广的境界。

曾有人写了一首诗，“身如菩提树，心如明镜台。时时勤拂拭，勿使惹尘埃。”意思是要我们日日反省自己性格上的缺点，把心灵上的灰尘扫去。对于宽容来说，就是要我们不时地检查我们的内心，原谅那些得罪我们的人。而禅宗六祖惠能则悟道："菩提本无树，明镜亦非台。本来无一物，何处惹尘埃？"据说正是因为禅宗六祖有了这样的领悟，才继承了师父的衣钵。

对于我们来说，也就是并没有人得罪我们，何必去原谅宽容他人呢？完全不计较比起不断提醒自己要有宽广的心胸，更自然天成，更加广阔。在日常人际交往的过程中，二十几岁的年轻人常会因为言辞轻率而不免与人产生些许摩擦与不快，每当这个时候，我们面对问题的态度，就往往体现了自己的心胸与度量：斤斤计较固然不足取；知道了就不免记恨，如果我们不经意知晓了内情，我们就只好选择用宽容包容过去；而最好的选择就是我们并不知道是谁得罪了我们，并不觉得哪种行为称得上是冒犯，那才是真正心胸宽广的人。

当面的饶恕可以显示一个人的胸怀，但那往往是做给众人看的，真正的宽广是对手没在人前犯错误，因此根本没有冒犯与饶恕，这才是人生的大境界。二十多岁的年轻人往往做不到宽容对手，但我们起码可以做到视而不见，难得糊涂。学会不着痕迹地宽容，才能积累广泛的人脉。

不是主角，就做好配角

在相声的舞台上，有捧哏和逗哏之分，一般逗哏的人会得到观众更多的掌声，更受观众喜爱，然而没有捧哏在旁边的配合、敲边鼓，逗哏的人多么能“忽悠”，观众也不会自己笑起来。捧哏通常说一些哼哼哈哈，无关紧要的话，但这些无关紧要的话恰恰也是观众内心想要知道的事，所以捧哏至关重要，人生中也缺少不了这样的角色。

在人生的舞台上，通常也需要一些“捧哏”，在老板、上司风光的背后，少不了默默耕作，配合他工作的人。这样的人得不到众多的羡慕，但他的贡献不可缺少。在工作中，我们有时是主角，有时却要配合别人的工作。在职场上有时我们升职了、加薪了，会受到别人的祝贺；有时我们却要在别人升职、加薪时学“捧哏”祝贺别人。“花花轿子人抬人”，我们不但要学会坐轿，更要学会适时“抬轿”。人际关系就是这样，你捧别人，别人才会捧你。每个人都不能事事以自己为中心，在适当的时候我们也要学会配合别人，让别人当主角。二十几岁的我们也许是学校里的优等生，也许是家里的娇娇子，然而走上社会了，大家平等。谁也不再是天之骄子，人人都有可能成功，因此，在别人成功的时候，适当地为他喝上一声彩，真心地恭喜他，是必需的。

只有学会诚心诚意地为别人喝彩，恭喜别人，才能赢得众人的尊敬。为别人喝彩助威，配合别人工作并不等于贬低自己，相反是成全了自己。每一位成功的人都曾经是成功的人的助手。每一个接受别人恭贺的人，都曾经恭贺过别人。锦上添花是一种大胸怀。善于在别人胜利时为他摇旗呐喊，会得到更多人的尊敬，不嫉妒别人而真心恭贺别人的人，不仅是君子，更是圣人。

一个人成功了，恭喜他的人多，攻击他的人更多，而疏远他的人是恭喜之人和攻击之人的几倍。更多的人喜欢雪中送炭，而不是锦上添花。因为雪中送炭更能显示一个人的优势，而锦上添花往往使自己更失落。有几个人是为别人的胜利而真心高兴的呢？做别人所做不到的，就是对我们人格魅力的一种磨炼。那么，怎样才能做好人生舞台上的“捧哏”呢？

首先，要有一种平和的心态，那些对于别人的成就眼红嫉妒的人是做不好“捧哏”的，无论是对别人工作的配合，还是对别人功成名就的恭贺，没有平和的心态绝对做不好。朱时茂和陈佩斯的小品《主角和配角》中，因为配角嫉妒主角赢得观众的掌声和目光，不喜欢当配角，一再捣蛋抢戏，导致本来好好的一幕戏，拍了几遍都不成功，这就是不好的心态带来的后果。在现实中，往往也有些人不甘心配合别人的工作，在私底下捣乱，或纠结众人闹事，致使上司的工作做不好；或者采取“非暴力不合作”态度，对工作不冷不热，不积极主动配合领导，也会在上司心中留下不好的印象。当你意识到自己是“捧哏”时，要用平和的心态去看待这件事，无论你捧的这个人能力是好还是坏，比你是高还是低，都有他的道理。既然你是配角，就要用配角的心态来做事，如果不能好好地配合别人，怎能委你以大任呢？

其次，不要夺了别人的光彩。“捧哏”的目的就是突出“逗哏”的人，你见过伴娘抢了新娘风头的吗？如果有，肯定会被新娘记恨。奥斯卡有最佳男女配角奖，但最佳的配角正是能最好地突出主角的人，而不是埋没了主角的光彩，抢夺了主角戏份的人。在相声中，好的捧哏能让逗哏的人说得更加精彩，不好的捧哏能让逗哏的人哑口无言。原因就是他们往往忘了自己配角的身份，夺了别人的光彩，堵住了别人的出路。工作做不好，有时候不仅仅因为主角能力差，往往因为配角不配合。下属常常分不清孰重孰轻，要听谁的吩咐，有了分歧以谁的意见为准，所以工作往往做不好。而有些场合明明别人才是主角，他偏偏打扮得光彩照人，说话谈吐也抢在前面，所以往往使人误解，引起主角不快。试想，如果一个记者采访明星，明星不说话，而他的经纪人则喋喋不休，是不是引得大家都不愉快？所以"捧哏"要注意自己的身份，切忌抢夺别人的光彩。扮好人生舞台上的"捧哏"，我们的形象一样会越来越高大，迟早我们会成为真正的"逗哏"。

20岁以后，我们一定要向着这一目标努力，才能培养出自己受人喜爱的人格魅力，人格伟大，事业才伟大。

第 03 章

吃亏是福——目光长远才能走得长久

年轻人要懂得吃亏是福，学会以辩证的眼光去看待每件事情。某些时候，一些在你看起来很糟糕的事情，其实对你是很有利的。暂时的吃亏并不是什么坏事，这会让你积累更多的东西。

吃亏其实就是占便宜

20岁以后，在社会上行走，一定要学会吃一点亏，不能吃亏的人，反而会受到更大的伤害。无论是工作上付出多少努力，索要多少报酬；还是同事间相处，斤斤计较都会为我们未来的事业带来不良的后果。要知道世上没有免费的午餐，也没有白白付出的努力，更不会有白白让出去的利益。每个人让出了自己的利益，就会在其他方面获得一定的收获和补偿。用“吃亏就是占便宜”的心态做人做事，可累积你的工作经验，增强你做事的能力，扩张你的人际网络。

现在的很多年轻人对工作挑三拣四而又敷衍了事，摆出一副毫不吃亏的姿态。在他们看来，工作只是自己前进中的一个跳板，或者只是一种挣钱的手段，又何必那么认真呢？他们这样做，表面上看似乎很聪明，事实上却是聪明反被聪明误。对于大多数人来说，工作的确是一个跳板。随着人才流动的频率加快，人才选择的余地日益丰富，一个人守着铁饭碗的事情，已经是老皇历了。但我们必须搞清楚一个最关键的问题：这个跳板是让我们越跳越高的，而不是越跳越低。要想越跳越高，我们就必须保证自己的能力在这个跳板上不断得到提高。如果面对工作秉持敷衍塞责的态度，我们的能力也不会得到太大提高。如果没有引起老板注意的出众能力，进不了老板的眼睛，所有晋升和加薪的机会都将与我们无缘。即使老板愿意给我们好的机会，我们也很难把握。因此，唯一的结果就是越跳越低。

刚刚参加工作的时候，我们既没有太多的经验，也不具备太多的能力，更谈不上做出卓越的成就。在短期内，我们不可能得到一份在各个方面都十分如意的工作。因为相对于工作需要来说，我们欠缺的东西太多了。这时候，每一份工作对于我们来说，都是一种绝好的历练机会。不管自己的职位有多低，收入有多么微薄，我们都不要小看每一个平凡的工作岗位。因为即使再优秀的人也不可能一步便能走到成功，而绝大多数的成功者都是从平凡的岗位上一步步走来的。只要我们不断努力，把自己的工作做好，在工作中不断地总结、提升，机会来临只是早晚的事情。

而不肯吃亏的态度，会让我们面对微薄的薪水，忽视工作，敷衍塞责。到最后，吃亏的是我们自己，我们会变得平庸，最终只能庸庸碌碌、窝窝囊囊地度过一生。对于和上司、同事间的相处，也是一样的。乐于吃亏的态度，会让我们赢得更好的人缘，如果我们只看重眼前的利益而与上司、同事斤斤计较，不肯退让一步。我们就很可能因为这些得罪人，使我们的人际关系难以展开，给公司高层留下不好的印象。而如果我们肯吃亏，不计代价地做事，迟早会得到上司的赏识，我们的机遇也就来了。

5年前，马可在一家公司当速记员。他的顶头上司是一个叫王揽的家伙。他工作懒散，总是把应该自己去做的事顺势交给手下去做。这可苦坏了马可，因为他不得不同时承担起近乎两倍的工作压力，而薪水却并没有丝毫提高。但是，马可并没有对上司的苛刻有丝毫不满，因为他珍惜这个工作的机会，除了把上司交代的事情做好之外，他别无选择。“就当是免费地锻炼自己吧，当我干速记员的时候已经在行使一个经理的职能了。”每当累得喘不过气的时候，马可就这样在心里安慰自己。

有一天，王揽又接到了一个任务：为他们的老板整理一个简明的电报密码本。这只是一件再普通不过的事情，他转手就把这件事交给了马可去办理。几天后，老板拿到了这个电码本。它是用打字机打印出来的，用胶装订好，还特意加了一个结实漂亮的封皮。“这大概不是你做的吧？”老板拿着这个本子翻来覆去地看，爱不释手。“不是。”王揽难为情地回答。“那么，这是谁做的呢？”“是我的速记员。”“你叫他到我这里来。”5分钟后，马可坐在了老板的面前。“年轻人，你怎么会想到把电码本做成这个样子呢？”老板亲切地问道。“我想这样不但好看，而且用起来会更方便些。”

“你什么时候做的呢？”“我是晚上在家里做的。”“是吗，非常感谢你，我太喜欢它了。”几天后，马可便拥有了一张更大的办公桌。后来，他就代替了王揽的位置。再后来，他成了这家公司的经理。

在职场中，我们独享荣耀，就会独吞苦果，学会与他人共享利益，皆大欢喜才是正确的做人之道；而给你的主管留一点空间，可以给他一定的安全感，你也会因此得到上司的青睐。

收起咄咄逼人，唯恐吃半点亏的性格，让自己的胸怀更宽广，我们会得到更多。

20岁以后的人，对于争和忍，应该有更成熟的见解。能吃亏的人，会得到更多。总占小便宜会吃大亏，不能忍让，同样会让我们吃大亏。在工作和处世中，有吃亏的精神，会让我们得到更多的回报，如经验的增长和人际关系的拓展。而这些都是我们在20岁以后需要积累的。

总会做一些自己不喜欢的事

我们每个人都有一些喜欢做的事，也有一些事是我们不情愿做的。但是为了实现我们的目标，我们必须积极主动地做一些不情愿做的事。正如为了身体健康我们必须戒烟一样，在生活中，我们也必须做一些自己不愿意做，但对我们的身体、精神或者前途事业有益的事。主动地做一些自己不情愿做的事，就是要求我们战胜自我，保持自己的理智。酒色财气谁不喜欢，克制自己是最困难的。汉代枚乘有《七发》，劝人们要放弃沉沦的享乐、荒唐的心思、放纵的欲望，培养良好的生活方式和情趣。

谁不喜欢温润醇美、甘甜酥脆的美酒和食物，谁不喜欢重重叠叠的轻软细柔、暖和厚实的衣服，谁不喜欢出入都乘坐轿车，谁不喜欢幽深的住宅、清凉的宫室，谁不喜欢前有越国的美女，后有齐国的佳人，往来游玩吃喝，在幽深的密室里纵情取乐。但是，放纵耳目的嗜欲，恣肆肢体的安逸，只会损伤我们的身体，消磨我们的意志。

吃苦是我们每个人都不喜欢的，但为了将来不吃苦，我们无论多么辛苦，都要学会接受，“吃得苦中苦，方为人上人”。我们不但要忍受被动的吃苦，还要积极主动地吃苦。有时为了大局，我们更要积极做一些不情愿做的事，做大的牺牲。

李某原本在办公室做一些策划工作，虽然不是金领，但是华服美食肯定缺不了，自身也颇得领导的信任依赖。不久，公司上层决定在西部进行市场开发，在每个部门都必须选几个人去，公司里没有一个人愿意去新的部门，因为大家在这里不但物质条件优越，而且站稳了脚跟，谁能保证一次西部开发活动不会把自己的终身陷落在那里？李某的想法也是如此，但是他并没有明确地表示出自己的意愿，而是观察事态的发展，后来看到几次领导的眼光都落在他身上，一副欲言又止的样子。他明白自己这次是躲不过了，但他并没有被动地等待领导的吩咐，而是向上级主动请缨，并表现出一副激情四射的样子。当然看在他主动请缨、热血沸腾的份儿上，他成了整个西部市场的总经理，七年之后，他又回到了公司总部，但他已不再是那个办公室的毛头小伙子，而是理所当然地成为公司上层管理人之一。

生而为人，谁无七情六欲？更何况二十几岁的年轻人，我们血气方刚，更喜欢凭一己好恶做事；我们好冲动，从不顾及后果，主动做自己不喜欢做的事谈何容易？但我们一定要学会在做事前首先考虑利弊，做自己应该做的事，而不是先考虑自己的喜好。不随心所欲，才是一种成熟。

在日本，坪内寿夫家喻户晓，是日本经济界举足轻重的人物。然而年轻的时候，坪内寿夫曾经非常喜欢抽烟喝酒。每天要喝一升酒，抽80支烟。有一天，他去银行办理贷款。银行的办理人员对他说："坪内先生，你抽烟这么厉害，我们很为你担忧呀。"听了此言，坪内十分吃惊："我自己抽烟跟你们有什么关系呀？""这当然有关系了，坪内先生。"对方指着桌上的一个烟缸，真诚地说道，"你看，只一小会儿的工夫，你就积存了满满一缸的烟灰，而且我注意到你每次来都是这样。长此下去，肯定会影响到你的健康，你可是我们的大客户呀！"坪内当然也曾从家人朋友那里听到过抽烟的坏处，但这一次他终于明白了：抽烟不仅对自己的健康有害，而且还会严重影响到自己的一系列商业行为。他当即决定戒烟，但对于他这样抽烟如此厉害的人来说，戒烟谈何容易？第二天，他一连抽了200支烟，抽得自己口干舌燥，嗓子冒烟，直想呕吐。从此以后，他真的再也没有碰过烟。后来，他又听从医生的建议，坚决把酒也戒了。后来，坪内寿夫拥有了日本最大的造船厂和钢铁厂，还拥有银行、饭店等许多产业。在日本，他甚至被人们公认为"神"。

坪内寿夫之所以能有那样的成就，与他对自己的狠劲是分不开的。冷静的头脑和坚强的自制力是我们取得成就不可缺少的后盾。"心魔难除"，要战胜自己不是容易的，关键时刻，我们要用理智克制自己的欲望，不为内外的诱惑所动。积极地做自己不愿意做的事，就是对自己克制力的锻炼，只有做到了随心所欲不逾矩，才会对我们未来的事业更有益。

既然无论怎样都要喝酒，与其喝罚酒，为什么不喝敬酒呢？既然无论如何都要做一件事，与其消极地承受，不如积极主动地去做，这样主动权就在我们自己手里，了解自己能够承受的限度，是我们磨炼自己的前提。

我们谁都不喜欢加班，但为了升职、加薪，我们要强迫自己主动加班；谁都不喜欢退缩忍让，但为了我们未来有更大的发展，我们要学会退缩示弱；谁都不喜欢别人分享甚至霸占自己的劳动成果，但为了生存，我们要忍让。主动做自己的不喜欢做的事，就是在培养战胜自我的能力。内圣，才能外王。要想战胜别人，首先就要战胜自己。

一个思想成熟的人，首先是一个能够自制的人，一个能用理智去驾驭自己的人。20岁以后，我们要试着驾驭自己，主动做一些不情愿做的事，学会不随心所欲，是一个人成熟的标志。

为了健康，我们必须锻炼，尽管我们更愿意在温暖的被窝里多待一会儿；为了事业，我们要学会舍弃一些娱乐，尽管我们不舍得；为了进步，我们要做自己原本不敢于做的事；在世情面前，为了不碰得头破血流，我们要学会低头，学会圆滑。

只做自己喜欢做的事，这样的人是非常狭隘，非常幼稚的，不可能有大的作为。20岁以后，我们要更清楚自己的缺陷在哪里，积极做一些自己不喜欢做的事，弥补自己的缺陷，锻炼自己的意志，战胜自己，方能攻无不克，战无不胜。

敢于分享，你才会更快乐

大家彼此交往的目的就是要共同分享某些信息，因此，要做一个善于同别人分享的人。许多年轻人不懂得分享的好处，喜欢一个人享受成功的喜悦、劳动的果实，其实这从很大程度上来说，是我们这一代人的缺陷，因为我们大多数都是独生子女，从小就不懂得和别人分享。但我们已经长大了，我们要善于同别人分享我们所拥有的，才可能得到大家的认可，使大家更愿意和我们交往。

有位母亲曾经告诉自己的孩子，他们小时候有七个兄弟姐妹，嘴甜的就会得到父母更多的疼爱，但有东西分给大家吃，不会独吞的，大家才会愿意跟他玩，奉他为老大。所以他们几乎一生下来就在用心地经营人际关系，跟父母，跟兄妹之间。不像我们，直到碰得头破血流才懂得人际关系的重要性。亲父母之间尚且有偏爱，亲兄妹之间尚且有亲疏，何况是没有任何血缘关系的人之间呢？能够赢得人脉的人都是有共同点的，最重要的一点就是与人分享。真心待人的人能够赢得友情，善于分享的人，更容易赢得那些利益关系的人脉。

无论与人合作，还是为人工作，甚至是别人为你工作，善于同别人分享劳动果实，才能得到更多的支持与信任，得到别人的尊重，才能积累更多人脉。“同利”的朋友只有在互利、有用的时候才能相处得很好，这种友情是建立在利害关系上的，只有善于与人分享其中的利益，不伤害彼此的利益，这种关系才能够牢固。你才能赢得更多的这种“同利”关系。如果你只想到自己的利益，不太愿意和别人分享，一旦伤害了别人的利益，就会伤害你们之间的关系，也会让那些想要与你建立“互利”关系的人止步，这对经营人脉是极其不利的。

很多高瞻远瞩的企业家并不把企业当成自己家族的财产，而是以企业能够获得最好发展，能够为社会做出贡献为原则，并不把财富和事业留给自己的家族，而是和所有有能力的员工一起分享自己的企业。

微软的CEO史蒂夫是一个善于和员工分享激情的人，他总是在每次的会议上用不同的方式喊出“I love this company”，他希望所有员工和他一起分享对产品和服务的热情，让所有员工分享他对微软的激情。虽然大家没有分享到实质的东西，但大家都分享到了他对工作的激情，这对大家起到了激励作用，大家都很喜欢这个充满激情的CEO。所以，分享不一定是物质性的分配，还有可能是你奋进的态度、你对工作的激情、你与众不同的感染力。

善于与别人分享，意味着你将拥有更多的机遇与别人交往，与有资本的人分享你的创意，你就多了一个合作伙伴；与同事分享你的成功，你就多了一个朋友；与老板分享你的策略，你就多了一份机遇，就可能多了一个欣赏你的“伯乐”；与员工分享你的成果，你就获得了“人气”，就有更多的人才愿意为你服务。所以，善于与人分享，是拓展人脉的关键。

想要分享别人的社交圈子，就要向别人敞开你的社交圈子；想要别人向你提供信息，你就要提供给他们需要的信息。这就是资源共享，只有这样，才能实现双赢、多赢。善于与别人分享也是感恩的一种表现。如果别人给了你帮助，你不但在口头上表示感谢，而且在他需要帮助的时候，与他共同分享信息、资源，也就等于帮助了他、回报了他，就能够赢得他的好感，增加你们关系的深厚度，想必他下一次更愿意帮助你。

有时候，人们交往的过程就是互相分享彼此拥有的东西的过程。东晋时期，有一个和尚希望得到大书法家王羲之的字，他知道王羲之喜欢鹅，就养了一群鹅，在王羲之平时散步的小河边放牧，等到王羲之向他求鹅时，他才向王羲之提出要字的要求，王羲之欣喜地答应了。他们分享了彼此拥有的东西，都很满意，从此两人结成了朋友。

和别人分享一份快乐，快乐就变成了两份；和别人分享一份忧伤，忧伤就只剩下一半。二十几岁的年轻人一定要善于同别人分享你所拥有的，善于彼此相互帮助和分享成果，才能交到更多朋友，赢得更多人脉。

对待利益需要长远的眼光

多数人因为看重眼前的蝇头小利而失去了信用，失去了人际关系的融洽，这对自己未来的发展是极其不利的。人们往往喜欢实在、重义气的人，往往喜欢和有信誉的人做生意。重利益并没有错，有错的是你因为自己的利益侵犯了别人的利益，有错的是你计较的这点小利，正是他人维持生存的唯一希望，这时候重视小利，就会在你成功的路上布满荆棘。

20岁以后，我们要正确地对待利益在我们生活中扮演的角色，也要正视对于利益的竞争，做到公平竞争，利益共享，才能够达成双赢。很多人都认为要达成双赢是不可能的事，认为共同的利益面前只有竞争，没有双赢，这样的观念是错误的。我们要做的是把一张饼烙大，而不是分得一张饼中较大的一部分。

很多人在合作的时候，只考虑眼前的利益，而不考虑长远的合作，这样就容易为了小利而失去了长久的利益。我们必须把自己的利益缩小，这样，我们才可能赢得更多的合作者，变成一头对多头。有了选择的余地，我们就会有更多的盈利点，建立长期的利益互补关系，我们才能够在合作中成为胜利者。比如，作为供求双方，我们可以向对方让一点利，但要求对方在下一次合作项目中优先考虑我们，或者以此为条件要求对方在我方购买他们需要的东西；或者以让利为条件，要求对方介绍他的第三方客户给我们认识，和第三方达成供求关系等。这种与直接利益没有关系，也不存在冲突的方式，往往不会招致对方的反感，同时也能够实现双赢，给我们带来更大的利益。

图德拉是委内瑞拉的一位工程师，他从来没有做过石油生意，但他从朋友处获悉阿根廷需要价值2000万美元的石油，同时，阿根廷牛肉过剩。西班牙需要进口一批牛肉，但他们的造船业很盛，正为订单发愁。然后，他又在中东地区找到一家炼油厂，对方可以提供2000万美元的石油，条件是租用他的油轮。就这样，他把阿根廷过剩的牛肉，卖到了西班牙，又把西班牙过剩的油轮租给了中东地区，同时，把中东地区过剩的石油，卖给了需要石油的阿根廷。就这样，他没有花费很大的力气，只是把货物卖给了需要的地方，就实现了三方的共赢，同时，他也取得了一大笔中间费用。事实上，这才是买卖的真正作用。

我们做生意的原则，就应该是实现共赢，而不是执着于自己单方的一点小利。我们应该得到的利益，的确应该争取，但也要视情况而定，有时，我们过分执着于利益，就会为未来的发展带来障碍。比如，在一个企业的发展初期，经常会有一段困难时期，如果我们与之合作时执着于利益，就会给企业的发展带来不利，这样在企业发展壮大以后，它通常会因为你的不义之举而不再和你合作。如果你肯在这个阶段让一点利给对方，或者允许它的赊欠行为，让它渡过危难期，它想必也会对你的行为心存感激。当它渡过了危难期，也许会为了感激你而决定和你长期合作，尽管你的产品要比别人的昂贵一些。这样，你们双方都会从合作中获益。重要的是，你获得的长期利益，远比你获得的暂时利益多得多。

当然，这只是显性收益，还有长期的隐性收益，比如讲信誉、重仁义的好名声，比如通过这个企业你可以认识到的其他客户、你所代表的品牌形象等，这些无形收益更是一笔无法计算的财富。而且，争夺小利会损害人际关系，让周围的人对你有意见、有看法。人际关系受到损害势必会影响你在重大利益上的得失。这样一进一出，最后就不划算了。

比如一位同事，他为人非常精细，精细到了一丝一毫都不肯吃亏的程度。大家都熟悉他的性子。有一次春节假期结束开始上班时，避免不了要大扫除，包括帮女同事搬搬桌椅、电脑等东西，结果单位所有男女都到了，就这位仁兄居然第二天才上班。虽然大家都没说什么，但大家都认为是他有意不来的。就是这样一个事事都讲究省力、不肯吃亏的人，每年的升迁都没他什么事，追求女朋友也屡屡受挫，提及原因，大家都说："一点亏都不肯吃的人，能指望他成什么大气候。"还有一些小利是我们争不得的，就是和那些把这些小利看作命根子的人。我们就没有必要和他们争，不妨把小利让给那些为了这些小利奋斗了很久的人，因为你眼中的一点小利有可能是人家长久以来的奋斗目标，这时我们不妨"让一步海阔天空"。

20岁以后，我们一定要清楚，过于执着于小利，就会影响你对大利益的追求。所以，我们要放弃一些自己并不迫切需要的小利益，才能够得到更多的人脉和信誉资源，这样，才能够为我们的将来打通更多的关节，铺好我们的成功之路。

做人偶尔需要装装糊涂

在职场中做事，我们必须该糊涂的时候糊涂，该聪明的时候聪明。而不是总是把眼睛睁得大大的，盯着那些所谓的小利，或者随时不忘表现自己，出尽风头，最后成为众矢之的。那些凡事精明，遇事不肯吃亏的人到头来却会吃最大的亏，处处受压制，成为人们打击、嫉妒的对象。

而那些平时看起来总是在吃亏上当，而到关键时刻却挺身而出的人，却会屹立不倒，占尽上风。所以，在职场中做事，我们有时候需要睁一只眼闭一只眼，让别人去争强好胜；有时候却要紧盯住一件事，一丝一毫地争取，这样我们才能够在职场上更顺利。尤其当我们还是一个20岁出头的年轻人时，我们在职场上做事更要学会藏锋，学会隐忍，不要一味争强好胜，更不能对凡事都一副看不惯，眼睛里不揉沙子的态度，当然也不能一味装傻。那么，到底什么事我们该糊涂，什么时候该糊涂呢？

第一，面对小的利益时，不能够斤斤计较，该让时就要让，即使明知道别人抢了你的功劳，也要装出一副不知晓、无所谓的糊涂相。比如，同事或上司抄袭了你的一个小方案，赢得了上级的赞赏，如果你跳出来反驳他们，或者不忿地到处宣扬，不但会让对方尴尬，对你自己也没有任何好处，奖赏已经领了，难道你让上司把奖赏收回，然后颁发给你吗？不如装一装糊涂，让他们蒙混过去，当然这对你也是有好处的，出于亏欠的心理，或者不希望你把事情张扬出去，他们也会给你争取一些好处，或者拉近与你的关系。总之，我们要学会在不违背原则的情况下，做出一定的妥协。

第二，不做无谓的争论。在面对自以为是的聪明人时，我们不妨装一装糊涂。职场上的所谓“聪明人”，他们不但装聪明，暴露自己的聪明，还喜欢指点江山，什么事情都要拿来指导一番。遇到这样的“聪明人”，如果我们表现得很精明，据理力争或者提醒他们，不但得不到对方的认同，还会遭到很多职场老手的围攻。所以，让他们自我满足去吧，他们会招来嫉妒，成为众人的公敌，这样就会加快他们被淘汰的过程，对于这种“自找死路”的人，冷眼旁观就足够了，完全没必要提醒他们，他们不会领情，反而会认为你和他们争“荣耀”。

第三，面对不公平的事时，我们没有必要跳出来指责上级。职场上没有所谓的公平，有人一整天都在玩，也会领同样多的工资，而你一天到晚忙忙碌碌，也只能挣这些钱，心理不平衡吗？但却没有必要去计较，更不能跟那些“特殊人物”去比照。这时不妨糊涂一点，只要做好自己的事，领自己的一份薪水，比较是完全没有意义的，愤愤不平也是没必要的，职场不会因为你的不忿就会有所改变，受伤害的只有你自己而已。

第四，在无关宏旨的小节上我们不妨装糊涂。比如有人向上司谄媚，有人走后门进入公司，或者你的下属、上司或同事犯了一个并不严重的错误，在这样的小事情上，我们不妨难得糊涂。

除了适时、适事地糊涂以外，我们又在什么事该聪明，什么时候该精明呢？

首先，在关于公司利益或前途上的事，我们必须要精明，寸步不让。比如上司一个错误的决策，会让公司蒙受巨大的损失；再如上司搞错了一个数据，会让公司惹上官司；我们在这个时候就必须要睁大眼睛，向上司提出建议，否则，受损失的会是整个部门的人。

其次，对于我们的工作，我们必须认认真真、仔仔细细地完成，来不得半点马虎，这也是一种精明。在涉及原则的问题上，寸土不让，绝不妥协。

最后，当真正有巨大利益的事情出现时，我们必须据理力争，并做得滴水不漏。我们在面对具有巨大利益的事时，要努力争取，做事的时候要不冒进、不贪功，首先考虑安全。在做事时第一任务是藏好自己的缺陷，不让缺点暴露，即使事情做不好，也不会坏在自己的手中。不暴露自己的缺点，就是精明。

当然，在做事的时候，我们还要谨慎，努力把事情做完美，做漂亮，获得大的成功。在职场中做事，糊涂和聪明并不是我们表面上所看到的那样。据理力争、丝毫不让、喜欢出风头、不懂装懂并不是聪明；不计较小利小惠，睁一只眼闭一只眼也不一定就是糊涂。我们要学着“大智若愚，大巧若拙”，让自己笨一点，糊涂一点，这样我们才能远离危险。

凡事不肯吃亏，做事总是滴水不漏的人，可能会让人有更多的提防之心；而适时地糊涂一把则让人们心情放松，让自己做事也能够有的放矢，在重要的事情上花费更多的心思，更精明能干。

对于无关紧要的事情，我们可以糊涂一些。当一件事情具有巨大的利益，或者会带来重大的影响时，我们就要精明了。

我们在无利可图的时候最好蛰伏，而当有利可图时，我们要迅速谋篇布局，先让自己占据优势。20岁以后，我们要学会职场做事的规则：小事糊涂，大事精明。这样的做事方法才是真正的聪明人应该做的。

拓展眼界，别局限自身

如今，很多职场人士都在全世界范围内飞来飞去，我们如果只是一只井底之蛙，升职就会变得艰难，要想获得老板的青睐，就要有更多的筹码。其中眼光、见识就是最重要的一项。20岁以后，我们基本上都对专业知识有一定的熟悉程度，这就需要我们观察我们所在行业的前途和利益点。我们要学着观察时势，学会关心公司的处境、公司的未来和前途，这样我们才能够了解更广阔的世界，而不是把自己圈在办公室的小圈子中。

深刻的观察力和判断力、敏锐的感知力，不仅能够让你在行业中成为领军人物，更可以获得老板的器重和信任，让你直接晋升到决策层。

员工王晓是金融系毕业的大学生，受雇于一家私企，2005年的时候，他觉得黄金期货的前景非常好，肯定会增值，不久，他向老板提出了这一想法，被老板采纳了。一年多之后，金融界爆发了大规模的金融危机，黄金价格大幅度上涨，让老板狠狠地大赚了一笔。从此，王晓更受老板的器重了，不久直接当上了老板的助理，专门研究金融投资方面的内容，掌握了大权。

如果王晓不是眼光独到，以公司利益为重，他就不能够得到提升，所以，必要的时候，我们要用自己所学的专业，去分析公司所处的位置，或者判断公司应该向哪方面转型，或者在公司的决策方面思考一下，用老板的眼光看问题，会让我们思想更深刻，眼光更长远。善于从老板的角度去考虑问题，常常观察时势，常常问自己："我是老板该怎么办？"这不仅会使你了解老板的处境，学会如何处理问题，更会令你成为老板眼中的"知心人"。

东汉末年，诸葛亮正是因为对天下大势有着非凡的见识，才有了著名的《隆中对》，有了刘备向西南进发占据在天下一席之地的蜀国，所以说诸葛亮27岁官拜丞相并不是偶然的，也不完全是他谋划的作用，而是他宽广的眼界、独到的眼光、对局势正确而深刻的认识分析，才让他在历史上有了一席之地。

当然这是对于外部环境来说，我们应该明白清楚，有精准的眼光。对于公司内部，我们也要有清醒的认识，做到知人物、明时务。再以诸葛亮为例，他知晓蜀国每位将军的性情，所以在不同的事件中，会用不同的人。作战布局更是有条不紊，比如，他明明知道关羽重"义"，却让他看押曹操，为的就是不打破三国相互制衡的局面。我们在公司也要如此，清楚地了解每一位领导、每一位同事的优点和弱势，这样我们才能够在公司中纵横捭阖，才能在竞争中知己知彼，百战百胜。

如果想要进入公司的决策层，我们更要如此，能够冷静客观地评论每一个人，把每一个人都能够安排在合适的位置，为公司做最大的贡献，这才是一个将才必须具备的素质。无论是对外还是对内，精准独到的眼光会让我们受益良多，但是这样的眼光、见识是怎样炼成的呢？这就需要我们有敏锐的观察力和判断力；更要有不断思考的习惯。俗话说“书生不出门，便知天下事”，我们要掌握大量的行业信息，并不需要总是东奔西走，但我们一定要眼界开阔，知道行业内出了什么样的事，有了什么样的改变，这样我们才能根据所知来进行判断。我们看问题要从更深更广的角度来思考、来看待，而不是做一只井底之蛙，认为天就是这样大，我们要高屋建瓴地看问题、思考问题，从更长远的角度来对待行业中发生的变化，从最细微处着手处理和顺应时势。

用我们的思想来创新，来做出明智的应对之策。我们感知了某些变化，判断出这种局势对于我们有利还是不利，下一步就是想出应对之策。最好的应对之策就是创新，利用创造突破僵局。其次就是顺应局势，把损失降到最低。

只有宽广的眼界才能让我们的判断更趋近正确，才能让我们做大事。所以，我们要不失时机从最小的地方开始锻炼自己把握时局的能力。20岁以后，我们的眼光一定要长远，思想一定要深刻，眼界一定要开阔，这样我们才能够得到掌权者的器重和倚重，才能够晋升到决策层。

第 04 章

打通人脉——有意识地扩大你的交际圈

纵观古今中外，所谓的成功者大都有强大的人脉圈子。对于20岁的年轻人而言，缺少的恰恰是合宜的为人处世。不管是选择创业还是受雇于人，人脉无疑是一个重要的资源。20岁的你要深谙交际，30岁才能拥有强大的人脉圈。

多个朋友多条路

20岁以前，我们的朋友几乎都是和自己一样的学生，成人以后，我们要结交不同的朋友，以扩展人脉，发展自己的事业。朋友是社会关系的重新组合。人一生下来便由父母带着进入一个社会关系圈，交朋友是在努力打破原有的关系圈而组建新的关系圈。建立良好的社交圈子，应尽可能结交优于自己的人。事实证明，人们往往会被伙伴同化，不管这样做是使自己的层次提高了，或是降低了，都摆脱不了这种影响，也就是我们所说的“近朱者赤，近墨者黑”，所以，交优秀的朋友可以使我们变得更优秀。但我们也不可能离开那些不如自己的好朋友，最好的方式就是，交往不同的朋友，和不同的朋友保持不同的远近亲疏关系，培养有用的人脉，回避无价值的人际关系。

那么，在工作中我们会遇到怎样的朋友，又要以怎样的态度去对待他们，才是正确的态度呢？

首先，我们要为自己的朋友分等级，那是为了保护我们免受伤害。对于知心人，忘年之交，可以小心翼翼交往的朋友，必须保持距离的伙伴，只有数面之交的人，对你有企图的异性朋友，只见过一面但神交已久的人，酒肉朋友等，这些界限我们都要划分清楚，聊天的时候，哪些话可以对谁说，不能够对谁说，我们要小心分清楚。绝对不能够因为在应酬时喝多了酒，而对酒肉朋友讲你的隐私，也没有必要把自己工作上的烦恼讲给无关紧要的人听。

我们更要注重的是以下几类朋友：第一类，会“修理”你的朋友，这种朋友是你人生的导师。虽然他们有时候会不留情面地批评我们，让我们不太高兴。但他们通常也会看到我们的缺点，给我们的人生事业提很中肯的建议。就像是贤明的君主一定会有直言劝谏的臣子一样。你越宽容，豁达，就越会有直言的朋友。如果你妄自尊大，听不进不同意见，这类朋友就会渐渐地远离你。我们要尽量做到“闻过则喜”，这样的朋友才会聚集到我们身边。

第二类，事业上的“贵人”。每个成功的人，都离不开来自上层的信任和支持。争取多位领导的共同赏识、信赖和提拔，你才能迅速成功，千里马还需要伯乐的赏识。“贵人”可能是指某位居高位的人，也可能是指令你心仪，急欲模仿的对象，无论在经验、专长、知识、技能等各方面都比你略胜一筹。因此，他们通常是你的上司、师傅，也可能是教练或者引荐人。我们要多结交这样的比我们优秀、卓越的朋友。

第三类，实力相当的对手。交朋友要有弹性，有时候敌人也可能成为朋友。让你的对手欣赏你、钦佩你是一件不容易的事。正大光明地和对手竞争，让对手自叹弗如的人大有人在。俗话说“同行是冤家”，但是有很多同行因为市场的激烈竞争而结成了“亲家”。我们平时做人也是这样，只要有了同样的目标，我们就会有合作的机会，如果因为一时的敌对而树立敌手，那么，我们就很可能因为心中的敌意，使日后的合作不顺利，处处碍手碍脚。

所以，如果没有大的原则分歧，只是利益的不同导致的对立，我们就没有必要把关系闹得太僵。

第四类，突然升高热度的朋友。对于这类朋友，我们一定要持小心谨慎的态度。如果我们升职了，会有很多人对我们突然热络起来；如果我们生活中没有大的变动，更要仔细思索他突然热情高涨的理由。突然升高友情热度的人，通常也是容易“人走茶凉”的人，对于这类人，我们可以反感，却不能拒绝。最好的做法就是不推不迎，冷眼以观，礼尚往来。

其次，我们要有一份朋友档案，以免“人”到用时方恨少。当然这是对于那些不太熟悉的朋友。对于那些在应酬场合认识的朋友，我们要根据他们的性格、职业、外貌特征等做一个具体分类的档案。在闲暇时间，我们不妨约他们出来，进行单独的沟通，加深我们在他们心中的印象。当我们遇到什么麻烦或者需要帮助时，就可以向他们要求小小的帮助，或者请教他们熟悉的行业的状况。

最后，对于新的朋友，我们也要用一定的技巧来看清他们的品格心性，决定他们在我们朋友档案中的等级。我们要从别人的议论中，了解一个人，把不同人对他的评价汇集起来，就可以了解这个人的大概；不要听他说什么，而要看他做什么；关键时刻，投其所好，他会不知不觉把假面具摘掉；用时间来看人，时间是朋友之间不自觉的检验师，所谓的“路遥知马力，日久见人心”就是这个意思。从一个幼稚的少年，变成通达的成年人，其中一个重要的标志就是我们交友的标准有了很大的改变。我们不再任性地只结交“志趣相投的朋友”，而是追求人脉的拓展。尝试结交不同的朋友，可以让我们更成熟，人脉更宽广。

处理好职场关系，就会有更多好帮手

在职场上做事，如果我们人脉不够宽广和有效，对于我们的升职必然无益。人脉的和谐与否是一部分，人脉的宽广与否是另一部分，人脉的价值是又一部分。我们必须在这三方面都把握好，升职才更加容易，否则，就会出现你的功劳别人顶，你埋头苦干，别人上青云的现象。

二十多岁的年轻人，往往不太容易接受现实，总想着只要埋头苦干，认真工作做出成果，就会被提拔，只要能力出众，就不会被埋没。我们信奉“是金子总会发光的”，但是，我们也要把金子呈现在众人面前。能力出众的确不错，平庸的人会被提拔的概率相对要低一点，但是世界上能力出众的并不只有你一个，你的能力也并不一定超出众人多少，这时候人脉就比较重要了。

这时，如果你有一个推荐者，无论他的名望大小，地位高低（位高权重当然更好了），只要他的威信和影响力对于你的胜出是有帮助的，我们就可以借助他人的力量扶摇直上。这并不可耻，相反这昭示了别人对你的看重和信任，所以，这样的人脉和关系，要多多结交和利用。凭此我们就可以更快升职，更快做出成绩，更快为公司做出贡献。

当然，我们说人脉包括和谐度、宽广度和价值度，只有我们在这三方面都把握好，才会有用，不然我们就会发现，自己交了一堆朋友，付出了很大的心血和利益，到关键时刻，却没有一个能够帮到我们。人脉的和谐度，指的是你与周围同事、上司、下属的和谐程度，是充满争执矛盾，是貌合神离，还是心有灵犀，配合默契？

如果我们与周围大多数同事都是友好地互相配合，那么，我们的人际关系就是和谐的，如果你提升大家意见就会较少。在某些比较讲究民主的企业里，你甚至会比工作能力强的人更能胜出。而且越是高级的职位就会越用到这种方法，因为这代表着你受到同事们的接纳程度，在他们中间的影响力和威信度，是否受欢迎，是否被信任，是否被认同。所以，基于这种观点，我们有必要在工作中与同事培养较好的感情和默契，提高自己被信任的程度。只有人际关系和谐，我们才能胜出，才能在胜出后被下属信任和服从，否则，即使我们升职了，得不到下属们的服从和配合，也会引起工作的不顺利，严重时甚至会让我们丢掉到手的职位。

人脉的宽广度，即指我们与职场人士相识、交好的多少，如果我们除了本部门的人谁也不认识，和别人没有私交，即使全部门的人都支持你，如果有人对上司施加压力或者从外围瓦解你的人际关系，你觉得本部门的人还靠得住吗？

再者，上级也会以为你在搞小圈子，而不会把职位给你，否则你就会更嚣张，或者不能跟别的部门合作。所以，除了平时来往密切的同事外，我们还要多多结交其他部门的人，这样，我们才有机会升职，当升职以后，我们与其他部门合作也能够配合默契。而不是局限于小圈子当中，眼光浅，目标小。

最后是人脉的有效性，如果我们的人际关系网中，恰好有那么一位是能够为我们说上话的。无论他是不是我们的直接上司，还是他的地位如何，只要能够恰到好处地为我们的升职、去留说上一两句话，我们的升职就会容易很多。这样的人包括公司决策机构的成员，各个部门的领导，和本部门领导关系较好的人事部门的人，平时和上司私交甚好的同事等，只要能够为我们升职提供有效的帮助，我们就应该结交。这就是人脉的有效性或者价值度。

人们常说要回避无价值的人际关系，就是要让我们把精力集中在结交公司精英上。当然，建立好职场上的人际关系也不是一朝一夕的事，我们首先要做的就是与领导及时沟通，让他明白你的想法和工作进程，事实证明，越多沟通我们就会越少误会、越多亲密，这样就能够让上司更加了解和信任你，如果你的能力不差，与周围同事的关系也很好，很和谐，不升你升谁呀？

所以，不用害怕面对竞争，只要我们有足够的能力，而人脉资源又广泛而有效，升职就会离我们越来越近，只是差一个机会而已。20岁以后，我们更要重视职场上的人际关系，让人人都成为自己升职的好帮手。

不要小看日常社交

20岁以后，我们会在了解他人、与人沟通交往的过程中变得更加成熟。在相互交往、了解的过程中，我们还会和一些人形成比较密切的朋友关系，这些关心又交织成人脉网络，为我们以后的事业搭桥、铺路，让我们在成功的路上走得更顺畅。

每个人在不同的人生阶段都会面对不同的社会环境，人际环境也开始从简单变得复杂。对于涉世之初的我们来说，有朋友的帮助，经历和境遇就会有所不同。有人相助的人生旅程是幸福和幸运的旅程，没人相助的人生旅程是孤独和悲哀的旅程，谁都想拥有一段值得回忆的人生经历，所以，我们会交往不同的朋友，带我们去看不一样的世界。

可以说，每一个人眼中的世界都是不一样的，交不同的朋友，可以拓展我们的视野，把我们的生命带到一个更广阔的境界。这是广泛交往的意义，当然有其现实功利的一面，比如，可以互相帮助；当然也有它积极的一面，比如，它可以带给我们更广阔的人生。

《穷爸爸，富爸爸》的作者罗伯特·清崎就是因为结识了同学的父亲，所以才了解到财务自由的重要性和怎样实现它。而他的父母则是教育家，所以，他的人生才会以财务教育为事业。幻想一下，如果他没有结识同学的父亲或者对财务问题根本没有兴趣，没有学到这方面的知识，那么他的视野可能就会小得多，他很可能成为和他的亲生父亲一样的穷教育家，有数不清的债务，而不是一个在财务上实现了自由，在教育上也很成功的人士。所以，我们交友的意义就在于此，不同的职业会把我们带向不同的世界，我们要学会相互交融，相互交流，才会让我们的世界更广阔、更丰富多彩。

我们在家庭中的交往，一般都是父母单向的情感输出，我们习惯了享受父母的爱和付出，很少想到相互的付出或者回报。而学校的教育虽不同于家庭成员之间的交往，我们在收获友情的同时也要付出我们的情感，但这些毕竟是很单纯的交往，我们彼此不带有敌意，不涉及利益关系，这样的交往是极简单的。我们只要付出对等的感情，并注意不要伤害到别人，就可以算是成功的交往，然而，社会交往要比这复杂得多。因为社会交往起码涉及利益、竞争，所以，这种彼此交流、沟通、交往之间的目的要复杂得多，手段会更繁多，我们开始很可能会目不暇接，最终，我们会在这样的交往中，变得冷静、从容、理智、成熟，最终我们会有一个牢固有效的人际关系网。

我们怎样才能够在交往中变得日渐成熟起来呢？这就要求我们必须彻底了解一个人，不但了解他的性情、职业、爱好，还要了解他所代表的个人或集团的利益。一个脾气再温顺的人，也不可能让你触动到他的根本利益或者触到他的死穴。我们在了解他性情的过程中，不妨仔细地了解一下他最不能让人触及的部分，比如家庭、子女，或者某次很尴尬的经历，这样当我们选择交往话题的时候，就会选择比较安全的或者对方乐意提及的话题。而不是一下子使对方特别尴尬，以致使我们的沟通陷入胶着状态。

不要以性格作为愿不愿意和一个人交往的前提，我们很多人可能都有这样的经历。看到一个人太开放了或者太粗心了，或者太内向了、太偏激了、太骄傲了，所以不太想和他交往，这样的事情是常常发生的。我们既要避免自己的性格里面有不让人欢迎的因素出现，让人和你谈话有如沐春风的感觉，又要愿意和性格有弱点的人交往。很多成功人士的性格中都有某种弱点，只要这些弱点不妨碍我们，不危害我们，我们就可以无视这些弱点和他们交往。

我们与他人交往的过程，首先是双方互相接受的过程，如果我们只是为了取悦别人而和他交朋友，这样的友谊不但被对方看不起，而且自己也得不到快乐和任何好处。我们必须要理智地处理彼此之间的关系，把对方当成朋友，在平等位置上的人交往，而不是无止境地付出和讨好，不等待回报的友情。

每个人交往都有他的目的，不是情感上的，就是利益上的，如果我们在情感上让别人感觉到了被尊重和骄傲的感觉，我们就有必要得到同样的回报或者现实中的帮助，无论是短期的还是长久的。如果我们仅仅付出而不求回报，这样的友情就会变得很不可靠，当你需要帮助时，对方也不可能帮助你，因为如果朋友接受你的付出成为一种习惯，不回报你，也变成了一种习惯。

20岁以后，人在交往中要变得理智，无论是对于朋友的选择，还是对于交往方式的选择，我们都要理智面对，这样，我们才可能在交往中变得更成熟，为自己的人生铺好人际网络，这样我们才会在成功的路上得到众人的帮助而走得更顺畅。

让你的人脉圈变成人脉网

年轻人大都懂得人脉资源的重要性，在今天，我们对朋友的意义有了更广泛的理解，这并非对友谊的亵渎，而是对它最好的补充。当然，现在有很多年轻人对友谊很功利，很现实，但是，人走茶凉的交友态度是不可取的。我们可以回避无价值的人际关系，但没有必要因为他的权力、地位和财富回避一个人，无论从功利角度，还是从友情角度来看，这都是不明智的。我们要回避怎样的人际关系呢？又要加强什么样的人际关系？

我们要回避的人际关系，必然是给自己的精神和生活带来了不便和负累，使自己觉得压抑，疲惫，对于这样的朋友，我们一定要回避。比如不思进取、一味玩乐的朋友，比如悲观的朋友；比如爱抱怨的朋友。跟这样的朋友在一起，你会感觉很没意思，身心俱疲。这样的心态会感染你，让你变得灰心。我们一定要和那些成功的人在一起，感染他们的快乐、自信，积极分享他们在各自专业中的先进信息。他们会让你觉得这个世界是美好的、光明的，你的成功就在眼前。

关于人脉资源的重要性毋庸置疑，也没有必要进行一再论证，我们要做的就是编织好自己的人际网络，从什么地方入手吐出自己的第一根丝，怎样编织经纬而成网络。

首先，我们身边肯定有不少于五个的朋友、亲人或者同事，这就是你的第一根丝，是不需要你来编织的。我们要做的就是要得到他们的帮助，并且回报他们；或者先去帮助其他人，在这个过程中巩固你们之间的关系。然后，进入他们的圈子。利用朋友宴会、生日会、受到邀请的机会，认识他的其他朋友，进入他的社交圈子。如果他不是一个很封闭的人，不过分狭隘，相信他的朋友中就有值得你交往的。抓住机会认识他们，倾听他们谈话，并发表自己的意见，给对方留下好印象。和他做愉快的交谈，留下各自的联系方式，这样当你再与他见面、打电话联系或者请求帮助时才不至于显得唐突。间隔一段时间之后，主动和他联系，请他帮一个小忙，比如，他的专业能够帮到你的地方，但不要太困难或者太麻烦。这样你们的关系又得到了巩固，当然，最重要的是不间断地和他沟通，有助于你们最终成为朋友。然后开始新一轮的网络编织，当然，这样的朋友一般是有局限性的，在私人的问题上，或者技术问题方面，他很可能帮助你，而在公事上，他可能并不愿意和你有交集，因为容易让人觉得你在利用他。一旦这样的感觉变得强烈，你也有可能会失去这个朋友。

其次，就是交一些利益朋友。比如，把客户变成朋友。这样的朋友往往乐意在公事上帮助你，因为他们对你也有同样的要求。积极地跟自己的客户沟通，并时不时借机送件小礼物，请吃顿饭等，这样的感情投资，对于我们是有很大的好处的。

当然，这样的朋友也有局限性，比如,我们最好不要通过这样的朋友结交类似的朋友，也不要和他们发生实质性的利益关系。帮人情忙就已经不错，帮金钱忙是奢望。

最后，对待和自己有合作关系的人，我们也不妨结交为朋友。对于这样的朋友，我们一定要秉持明确的观点，比如“没有永远的朋友，也没有永远的敌人，只有永远的利益”或者“亲兄弟，明算账”，无论在怎样的状况下，先做小人后做君子，才可能和这样的朋友进行长久的交往和合作，而不会被友情所伤。当然，我们编织自己的人际网络之时，也被其他人编织着，这是我们一刻也不能忘记的。对待有利益关系的朋友，我们不必因此感到被利用，也不必感到羞愧。交往有利益关系的朋友，首先选择的标准是道德，一个道德败坏的人随时都会在攀着你爬上去以后，一脚把你踢下去。

私人感情上的朋友，即使伤害你，也不会伤筋动骨，甚至找不到要害，因为你的利益和他没关系，他并不明白你在经济上的软肋。所以，交朋友也要公私分明，公事上的朋友，最好不要涉及彼此的私事；感情上的朋友，最好也不要涉及金钱利益。否则，就会把所有的软肋暴露在同一个人面前，这是很危险的。

20岁以后，我们要学会编织人际网络，同时也要学会避免人际网络中的缺点和陷阱。人脉宽广固然是好事，但它的有效性和稳固性也同样重要。只有不断积累人脉资源，才可能尽快获得成功。只有不被自己编织的人际关系网绊倒，才是一个明智的织网人。

人脉是通往成功的“门票”

人脉就是人际关系，是通往成功的“门票”，只有拥有良好、广泛，并且有用的“人脉”，你才可能更快地获得成功与财富。很难想象一个什么人都不认识的人能够在短时间内开展工作并取得好成绩。

有人说：“二十岁靠体力和专业赚钱，三十岁靠人脉赚钱，四十岁靠钱赚钱。”二十多岁的年轻人，正是刚刚踏入工作岗位，需要建立人际关系的时候。以前的十年，我们主要在学习专业；今后的十年，我们要利用专业赚钱，并积累人脉；在以后的十年我们要用人脉赚钱并积累资本。所以我们一定要在这段时间利用工作发展自己的人际关系。

人类是群居的社会动物，人的成功只能来源于他所处的人群及所在的社会。所以一个人如果想要另一个人认识你、了解你，进而信任你，与你合作，甚至与你成为朋友，就必须先认识他，然后慢慢培养感情和默契，最终成为愿意帮助你的朋友，成为你事业腾飞的“贵人”，而此人也许会把他的圈子里的其他人介绍给你，这就是有的人人际关系越来越广泛的秘诀。一个人只有拥有这样广泛良好的人际关系才会更快地得到你想要的专业知识、专业人才和创业资本。

哈佛大学为了解人际能力对一个人的成就所扮演的角色，就曾经针对贝尔实验室（Bell Lab）顶尖研究员做调查。他们发现，被大家认同的杰出人才，专业能力往往不是重点，关键在于顶尖人才会采用不同的人际策略，这些人会花很多时间与那些在关键时刻可能提供帮助的人培养良好的关系，在面临问题或危机时便容易化险为夷。

哈佛学者分析，当一位表现平平的实践员遇到棘手的问题时，会努力去请教专家，之后却往往因苦等回音而白白浪费时间。顶尖人才则很少碰到这种问题，这是因为他们在平时还用不到的时候，就已经在逐步建立丰富的资源网，一旦有事请教立刻便能得到答案。这份研究报告指出，这个人脉资源网络深具弹性，每一次的沟通都为这个复杂的资源网多织一条线，渐渐地形成牢不可破的网络。这也就是我们所说的“人脉”的建立和加深。

只有拥有广泛、有用并且强大的人际关系，我们才会有更强的人脉竞争力，所谓人脉竞争力，也就是一个人在人际关系，人脉网络上的优势。这种优势能够让我们更快获得上司的青睐、同事的认同、客户的信赖，让我们更快获得需要的信息，甚至创业需要的资金。

某公司原有一对朋友杨和华。他们都希望在专业上有所成就，得到升职和加薪。杨不断努力做事，加强业务能力，并包揽办公室的一切杂务。华却对一切杂事不感兴趣，但他的业务能力很强，做事也认真专心，在公司与同事相处也很融洽。华常常思考怎样成为市场方面的专家，在闲暇时间就搜集情报，在公司内外建立了良好的人际关系。后来华如愿以偿调到期待已久的市场营销部，原来是他从前结识的一位客户提供情报给他，他才能在市场营销部有空缺时，及时调了进去。杨埋怨自己的命运不济，华知道自己胜在了自己的人脉竞争力上。

这就是人脉的作用，人脉资源可以让你比别人更快速地获取有用的信息，进而转换成升迁的机会或者财富；而在危急或关键时刻，也往往可以发挥转危为安或临门一脚的作用。所以，不要一提到“人脉”就会想到“搞关系，走后门”，这是对人际关系的错误理解。一个人只有建立良好的人际关系，才能赢得赏识，更好地利用你的专业；才能赢得机遇，更好地发展自己的事业；才能更快获得信息，让自己在事业上更快、更顺利地发展。要知道，千里马也要遇到赏识它的伯乐，才能够发挥出它的优势，一个人是不可能离开他人的赏识和支持而获得成功的。

二十多岁的年轻人正是在职场拼搏的时候，这时不妨借助工作之便，与同事、上司、客户搞好关系，建立更深厚的感情，发展更广泛的人际关系。也许哪一天，自己的人脉就会成为“财脉”。所以，我们每个人拥有多少能力，并不只是说这个人独自能够做些什么，还包括他能够通过别人做些什么。只要别人的能力能够为他所用，那就相当于是他的能力。

与此极为相似的一点是，当我们说某个人有多少钱，不只是说他拥有多少钱的所有权，还应该包括他拥有多少钱的使用权。就算他自己没有钱，只要他能够通过担保从银行借到很多钱，或者向朋友借到很多钱，我们就必须承认，他是一个有钱人。这就是为什么“人脉”能够决定和成就你的“富贵”。如果你有了足够的专业知识，通过良好的人际关系，你就能获得足够的资本和信息，你就有了成功的基本要素。“人脉”本身不是构成成功的基本要素，但它是你获得基本要素的重要桥梁。这就是为什么所有成功人士都把“人脉”看作是一种无形资产，因为它能够给你带来有形的资产，并让你做事事半功倍，有人说成功是“三分靠实力，七分靠人脉”，并不是故意夸大。

所以，我年轻的朋友，你还执拗、顽固地认为搞好人际关系就是在走后门，是一种不正直的行为吗？改变这种想法吧，只要你不违背原则，交友、工作、搞好与上司的关系就是一种正常的人际交往，是得到赏识的一种有效手段，只要习惯了和上司、同事、同学搞好人际关系，广泛而深厚的“人脉”就只是时间问题。

遇到伯乐之前，先把自己修炼成千里马

要想得到成功人士的青睐，开启自己的人脉之门，首先就要增加自己被利用的价值。人与人之间的交往，撇开感情不谈，就是彼此互相借用，你需要时我帮助你；我需要你时，你帮助我。只有增加自己被利用的价值，成为“千里马”，才能获得“伯乐”的青睐，才能获得更多的交往机会，开启“人脉”的大门。

二十岁出头的年轻人，只有努力学好自己的专业，学而有术、专而精才能让自己更有价值，更能获得成功人士的青睐。如果不学无术，只会做一个“应声虫”，你也就没有什么交往价值

了。大家都希望与有价值的人交往，回避没有价值的人际关系。

如果你是一个有利用价值的人，成功的人会希望你为他工作。当你小有成就时，更成功的人会希望和你合作，当你功成名就时，会有默默无名的有价值的人为你工作。人们的关系有以下几种：①为他打工，这时他需要你为他好好工作，如果你能力出众，他会希望培养你，栽培后进，储备接力人才。②合作互利关系，人人都希望自己的合作伙伴是一个能力出众的人，能够实现双赢而不是一个扯后腿的人。互惠互利，而不是别人一直为你提供信息资本，你却对别人的工作事业没有任何帮助。③别人为你工作，没有人愿意为一个无才无能的庸人工作，因为你不能为他提供更广阔的平台。

所以，无论你希望交到什么样的朋友，拥有怎样的人际关系，你都要有一定的真才实学，你才有被利用的价值，才能拓展人脉。如果诸葛亮只是一个庸庸碌碌之辈，刘备会三顾茅庐吗？如果刘备只是单枪匹马，而且毫无大志，即使他再器重，诸葛亮会为他所用吗？如果关羽、张飞毫无出众之处，堂堂的王叔会与他们结拜吗？如果刘备毫无可取之处，大家会毫无怨言地辅佐他吗？

只有一个人有利用价值，大家才会想利用他达到自己的目的。说到底，每个人都是自私的，都喜欢结交对自己有用的人，即使有那种无私的友谊，你不是也希望自己每次和他谈论得愉快吗？你不贪图这种交谈的快乐吗？难道你会与那种一见面就和你吵个不停，惹你厌烦的人交朋友？增加你多方面的利用价值，你就会拥有更多的交往价值，也就有了更多的交往机会。

如果你术业有专攻，就会有人为了能够在关键时刻更快得到专业问题的答案、专业信息来与你交往。如果你朋友多、路子广，就会有人为了加入你的社交圈，认识更多有能力帮助他们的人和你交往。如果你性格乐观、努力上进，就会有人为了感染你的乐观上进精神和你交往。总之，你有多少利用价值，就会有多少人为了各种原因来接近你。

韩信和萧何的故事大家都不陌生。当年萧何月下追韩信，就是看中了他的军事本领，所以把他推荐给了刘邦。当韩信还有利用价值的时候，尽管刘邦对他百般不顺眼，还是选择容忍了他。一旦天下平定，韩信就没有了军事上的利用价值，有的只是军事上的威胁，所以他很快被杀了。反观萧何，他不但能在战乱时为刘邦挑选人才，出谋划策，而且天下平定之后，还能够帮他治国平天下，治理国家。既能帮他“上马打天下”，又能帮他“下马坐江山”，他的利用价值是多方面的，所以成为汉朝不多的留下来的功臣。

大家看了这个故事，也就能明白为什么有些人一从位子上下来，马上“人走茶凉”，而有些人尽管已经不在其位了，仍然是门庭若市。如果你只有“官位”赋予你的权力，一旦你的权力没有了，你也就没有了利用价值。如果你不但拥有权力，而且拥有管理能力和广泛的人脉，即使一天权力不在手了，仍然会有其他价值，所以仍然会有人因为各种理由和你结交。所以，若想广交朋友，积累人脉，就要不断增加自己各方面的价值。

怎样增加自己的价值呢？这就需要你在各方面不断努力，不单单是搞好自己的专业，当然这是最重要的。还包括读书的习惯，读书能为你带来各方面的知识，尽管不是专业的，但如果大家谈到某个难题，你刚好能给他们提供一个小妙招，大家都在谈论一件事，如果你可以说一两句巧妙的画龙点睛的话，发表自己独特的观点，也能引起大家的共鸣。“腹有诗书气自华”，大家都喜欢和有教养、有学识的人交往。养成好的性格、拥有乐观奋进的精神，大家会被你的精神所感染，不知不觉地乐意和你交往。提升自己各方面的品位，如果你是一个有品位的人，大家就会愿意在穿衣打扮、室内布置，甚至购物等方面请教你。培养自己的语言能力，良好的表达能力能让你更有魅力，说话有分寸，做事有尺度，会让大家更欣赏你，更愿意和你一起出席交往场合。

如果你是一个二十出头的年轻人，做事能力还不错，又有情趣、有品位，并且知进退，懂分寸，还知识渊博，大家为什么会不喜欢和你交往呢？拥有更多，才能交换到更多，和他人交往，培养人脉的过程也就是交换的过程，只有你不断提升自身价值，让自己拥有更多的价值，你才能交换到更多的有用价值，也就是交到更多有价值的朋友，这是亘古不变的真理。年轻的朋友，如果你希望打开人脉的大门，就先好好修炼自己的内功吧。

第 05 章
找到贵人——千里马再好也需要伯乐

有一些人的成功总离不开在困难时期贵人的帮助，对于年轻人而言，贵人是可遇不可求的。如果有人肯在你的人生道路上提携一程，那将事半功倍。所以，20岁的年轻人要找准贵人，30岁才能做对事。

找准伯乐，职场平步青云

20岁以后，人需要明白很多事情，跟对人比做对事重要。跟在优秀的人身边，不但做事轻松，而且更容易取得进步，变成一个优秀的人。有很多有才华的人，他们才华横溢，能力非凡，在学校他们是众多同学仰慕的“明星”，步入社会，他们也会因为个人独特的魅力吸引众多关注的目光，但是他们中的大多数人，最后在事业上并没有什么值得称道的建树，有的甚至流于平庸。而有的人并没有什么特质，也不像是能做大事的人，可最后却获得了巨大的成功。究其原因，除了自身因素以外，还有跟对人的因素。人与人之间是能够互相影响的，有时候马车前进的速度快慢，并不在于马车本身的质量，而在于拉车的马的力量。

一个公司就是马和车的组合，老板就是拉车的马，而员工通常就是车，如果你选对了马，你就会快速成长；否则，就算你的车制作得再精良，也会跑得很慢，甚至和马匹一起陷入泥淖。正如月亮本身是不会发光的，是因为太阳光的照射，它反射了太阳光，才会散发出柔和的清辉，夺目的光彩。

一个生来就如太阳般发光的人是很少的。我们中的大多数都是毫不起眼的月亮，因为有了太阳的照射，我们才显得如此美好。所以，跟对人至关重要！在职场上，这一点千万不能掉以轻心！总的来说，选对老板有三大好处：一是容易脱颖而出，二是大大缩短成功的时间，三是能从老板的身上学到很多别的地方学不到的东西。

如果我们遇到了一个能力低下而嫉才妒能的上司，除了要小心翼翼隐藏自己的锋芒，凡事不能尽全力外，还要学会看人眼色行事。这种一边做事，一边想着做到什么程度才会让老板既不轻视你，也不会嫉妒你，随时考虑着给上司留一点空间和颜面的行事方法，会消耗你很多原本可以用到工作上的精力。如果在职场上遇到一个不负责任的老板，就好比半路遇到一只拦路虎，会让你职途坎坷多蹇。业绩好的时候，他会把所有的功劳都算在自己的头上；业绩差的时候，他会把所有的责任都推给你。他无法教给你太多东西，他很难得到提升，他得不到提升的同时，你的前途也将是一片茫然；如果你遇到一个像勾践一样只能共苦不能同甘的老板，当你的利用价值没有了，就会兔死狗烹，鸟尽弓藏，他成功的那一天，也就是你下岗的那一天，你只不过是别人成功的垫脚石，那你的事业也会遭遇很大的挫折。

那么，人要跟着怎样的老板打天下，才算是跟对人了呢？

首先，选一个有眼光而且目光远大的老板。目光远大的老板通常都有先见之明，对市场有敏锐的洞察力和高瞻远瞩的智慧。这样的老板注定会在最赚钱、最朝阳和最有优势的行业快速发展。跟着这样的老板，不但能够增进我们的见识，提高我们的做事能力，还会让我们随着公司一起成长，最终身价百倍。

其次，选择一个积极的上司。积极主动在现实生活中，甚至能改变你的成长轨迹，决定你的人生成败。和什么样的人在一起，就会有什么样的人生。和勤奋的人在一起，你不会懒惰；和积极的人在一起，你不会消沉；与智者同行，你会不同凡响；与高人为伍，你能登上巅峰。科学家研究认为“人是唯一能接受暗示的动物”。积极的暗示，会对人的情绪和生理状态产生良好的影响，激发人的内在潜能，发挥人的超常水平，使人进取，催人奋进。如果你有一个怨天尤人的上司，他的负面情绪就会影响到所有下属，使你的情绪也整日处在低潮中，缺乏向上的压力，丧失前进的动力而变得俗不可耐，渐渐地你就会变得消极、平庸，成为一个平凡的人。

最后，选一个赏识你的上司。人人都希望自己能有一个好上司，这是因为一个好上司，不仅会在工作中指导你，帮助你，督促你，为你的发展提供机会、环境和资讯，而且，你也会受到其思想观念的启迪和潜移默化的影响。这将是你晋升的最快路线，从某种意义上来说这是一条捷径。

一个赏识你的好上司，就是一个好伯乐，如果你是一匹千里马，为了避免“怀才不遇”，你必须找到一个能够赏识你、培养你、提拔你的上司。当然，前提都是这个老板有好的品格，他吃西瓜，起码会分一块，哪怕一小块给员工。如果你选的老板，他吃肉连汤也吝于与你们分享，到他功成名就之时，恐怕你还是一个月薪一点点的小业务员，他位高权重后的第一件事就是巩固他的地位，削弱你们的权力，把你们这些位高权重的公司元老清除出管理队伍，你岂不是做了冤大头？

总之，20岁以后，人一定要慎重地选择上司，这和选择事业一样重要。一个高瞻远瞩的老板会把你的人生提高到一个新的高度；一个心胸宽广的老板，会让你的才华得到最充分的发挥；一个赏罚分明的老板，不会让你的辛苦白费。

广结善缘，火眼识贵人

二十多岁的年轻人往往年少轻狂，仗着自己才华出众、能力不凡，就以一种万事不求人的态度处世。不屑于结交一些功成名就的人，只愿意和自己的同学、同事交往，认为狭窄的“人脉”只不过是蜘蛛网，只困得住幼小的昆虫，不会困住自己这头老鹰。其实这种态度错得离谱，君不见多少英雄正是被这种“蜘蛛网”绊倒，不能翻身。

人脉能够成就你的“富贵”，没有人脉，即使你的专业能力再强，才高八斗，学富五车，没有遇到赏识你的“伯乐”，没有展示才华的机遇，你照样一文不名，要知道世界上到处都是才华横溢的穷人。

19世纪著名的印象派大师莫奈，曾参与“盖尔波瓦咖啡馆”艺术家聚会，却很少参与讨论，因此遭到巴黎官方沙龙的广泛抨击和排斥，甚至连他的不朽杰作《日出·印象》都遭到无情的谩骂。他曾经跟至交巴齐依提到，如果不是雷诺阿送来面包，他和妻子卡米耶就会饿死，当时整整一个星期，屋里没有生炉火，更谈不上照明，作画的颜料也用完了。才华横溢的大师因为没有人赏识，也只落得贫困潦倒的下场。这方面的例子不胜枚举，现代文学大师朱湘因贫困甚至自杀。梦想着“拥有一所房子，面朝大海，春暖花开”的海子也因为不被大众赏识而潦倒自杀。

所有的悲剧都是因为他们不被大众赏识，如果当时有一位德高望重的人肯为他们登高一呼，甚至说一句赏识的话，也许这些悲剧就不会发生。大众不是不会欣赏他们，而是不知道有他们的存在，海子死后，他的众多作品一度被抢购一空，这说明人们有欣赏的能力，但需要有大师们的推荐和媒体的宣传，人们才有可能认识他们，认同他们。如果他们拥有广泛的人际关系，或许悲剧就可以避免。

为什么世界上会有那么多才华横溢的穷人呢，只是因为他们的社交圈子不广泛吗？不！因为他们的社交圈子不够有用。每个人都有几个相熟甚至友情深厚的朋友，但那些朋友，不是和他们条件相仿，就是比他们还不如。他们所拥有的，正是朋友刚刚拥有甚至不具备的，他们所需要的信息和资本也正是朋友所需要的，所以他们谁也帮不到谁，这样的“人脉”就是无效人脉，至少目前是。

有一个朋友，他的能力超过了本职工作所需要的能力，他需要换一份更加有发展前景、薪水更高的工作，但是，连他同学的工作都是他帮助找的，他一直窝在自己觉得不上不下的单位里，做自己觉得大材小用的工作，既无法升职，也无法另找工作。这就是无效人脉的悲哀，当你需要一份面包时，所有与你相交的人只拥有土豆，也只能为你提供土豆。所以，每个人都要拥有几个比自己条件好、能力高、成功的朋友。也许他的成功会让你心里不那么舒服，但你不能否认，在你需要帮助时，他有能力帮助你，无论结果他是不是帮了你，只要他有能力，你就有希望。

世界上才华横溢的穷人不都是因为人脉不通达，而是他们太骄傲，不屑于求助那些比他们成功的人。所谓的“为才所误”有时候是“为傲气所误”。有时候，只要我们放下自己的傲气，以一颗平常心和那些成功的人交往，我们就能结识到更多更好的朋友，更能很好地发挥我们的才华。

光绪年间，孙中山自日本留学回来，想会见两广总督张之洞，于是让守门人递进一张便条上写着“学者孙中山求见张之洞兄”。其时，孙中山只是一介书生，结果引起了张之洞的不满。提笔回道“持三字帖，见一品官，白衣尚敢称兄弟”，孙中山看了，只是微微一笑，接着在便条上回道“读万卷书，行万里路，布衣亦可傲王侯”。张之洞看了连连有请，就这样，孙中山这个年轻书生得到了两广总督的赏识。

其实，有时候，不是我们没有能力结交到成功人士，而是我们没有自信，或者思想守旧，认为结交成功人士就是在结交权贵，属于溜须拍马，攀关系，走后门。其实大可不必，文怀沙只是一个高中生时，酷爱写诗，因此给当时著名的学者梁实秋写了一首诗寻求鼓励，结果梁先生回道“君诗如美人，未嫁已倾城”，给了他很大鼓励，于是文怀沙笔耕不辍，终成一代大师。也许没有梁实秋的鼓励，文怀沙就此辍笔，就只能成为一个一文不名的普通人。我们也许不需要成功人士具体的帮助，但我们需要他们的鼓励，需要学习他们不断进取的精神。我们是年轻人，不会被一些旧思想禁锢。所以，结交优秀人物不过是学习他们身上的优点，只要把和成功人士搞好关系看成提高自己能力的一种方法，我们就能泰然自若地和他们相处，结交，既不自惭形秽，也不狂妄自大。

国学大师钱钟书说：“二十岁不狂是没有志气，三十岁犹狂是没有理智。”我们要做既有凌云志气，又有足够理智的人。不要做“空有满腹才华，却无施展之地”的人。想要你的才华有施展的地方，被大家所认可，就必须广结善缘，让自己处于“伯乐”的目光之下，他才能为我们提供一个施展才华的平台。不做才华横溢的穷人，不做怀才不遇的人，让我们主动去结交那些可以带给我们机遇的人吧。

近朱者赤，近墨者黑

我们要拥有怎样的人脉，才能让成功离自己更近呢？每个年轻人都有几个生活上的朋友，一起玩乐的伙伴，怎样的人才能给我们带来发展，成为我们的“贵人”呢？首先，要接触比自己优秀的人；其次，要结交你想成为的人。如果你想成为一个成功的人，就要马上和那些浑浑噩噩度日的人分开，因为他们会影响你努力向上的观念，会不断地向你泼冷水，不断牵动你的负面情绪，打击你积极向上的热情，与他们相交会拖累你前进的步伐。

成功吸引成功，人才带动人才，我们要让自己和成功的人在一起，才能不断地从他们身上学习对成功有益的知识。当不思进取的朋友成为我们的一种负担，那种沉重是无可言喻的。只有摆脱他们负面思想、负面语言的影响，我们才能获得新生。不要总和消极、抱怨、不思进取的人在一起，因为人是互相影响的，如果你不想被他拖下去，你就只好离开他，寻找那些积极进取、工作热情、生活认真的人。

你希望自己成为什么样的人，就和什么样的人在一起。大家也许都看到过，两朵颜色不同的花，如红色和白色，长期种在一起，到了三四年以后，就会变成一种粉色花，再没有红白之分，这是自然界花粉传播的作用。

其实，在人类社会也一样，人就是不同颜色的花，只不过花粉是思想和能力、观念和情绪。如果你长时间地被积极的思想影响，你就会变得积极。相反，你如果长期跟消极的人在一起，你也会变得意志消沉，毫无斗志。和成功人在一起不是羡慕他们的财富，攀附他们的势力，而是学习他们成功的智慧，以他们为前进的榜样，这就是中国的老话“见贤思齐”。同时，和成功者在一起，你还可能获得很多机会。和成功者在一起，你就会认识他的社交圈里的人，而他们无一例外都是成功的。很多时候，机遇就是在吃饭、聊天、打球时碰上的。

再者，和比自己优秀的人在一起能得到你还不知道，但希望得到的信息，这是和跟你同一阶层的人或不如你的人在一起所无法得到的。有时他们不经意间的一句话也许就能打开你的思路，拓展你的思想。和跟你同样的人在一起，尽管他教导你，你也因为觉得他并不比你高明，而不会把他的话放在心里，所以，你也不可能从他的话里得到启发。就像很多学生初听到老师说的某句话很不以为然，直到有一天他在某个大哲学家的著作里看到了那句话，才肃然起敬。每一位成功人士的话在像我们这样还在起跑线上的年轻人的眼里，都相当于哲理，是经验之谈。这是我们和自己同阶层的人相处所无法得到的。

当然，我们所说的“优秀的人物”，并非只指家世显赫、地位超绝的人，而且还包括有内涵、为世人所称道的人物。“卓越的人士”大体上可区分为以下两大类型：一种类型是指立身于社会主导地位的人们；另一种类型是指那些有着特殊才华的人们，对社会有着杰出的贡献，才能突出，或是学识渊博的学者，才华洋溢的艺术家等。此种杰出绝非凭一个人的喜好所界定，而需由社会的认同方可获得。他们站在时代的前沿，社会的顶峰，眼光一流，见识卓尔不群。他们不经意的一句提示就能胜过你一箩筐的思考，让你看到成功的途径。

很多面临高考的学生都希望迎来一场心理辅导，当心理学教授面对你侃侃而谈他当年的高考经验，大学经历时，很多学生都会燃起一股上进的激情，获得奋进的动力，这是常人甚至自己的老师无法企及的。在你的岗位上也一样，如果你发现跟同事或者上司交流收获很少时，不妨设法找到自己偶像的言辞来激励自己。

成功者总是与成功者交友，不幸的人吸引不幸的人，请二十几岁的年轻人牢记这一点：经常与优秀的人保持来往，回避没有价值的人际关系。如果你只是想成为一个平平凡凡的人，过平平淡淡的日子，你的朋友不妨是多方面的，既有至交好友，又有酒肉朋友。如果你想成为一个成功的人，切记一定要和卓越者为伍，摒弃那些消极、玩世不恭的朋友。

与优秀者成为朋友

如果我们在家庭教育中受到某些局限，那么我们可以在与人的交往中获得弥补，这是一种自我教育的方式。比如，我们的父母可能不善于与人交往，可能没有知识文化，可能没有赚取财富的理念，从家庭的教育中，受到了某些局限。想要弥补这种劣势，就应与精英交往，并且在与他们交往的过程中，向他们学习，养成良好的习惯，不断提升自己。

20岁以后，我们有选择朋友的权利，但是，我们也必须有选择朋友的眼光。交什么样的朋友既是智慧，也是人生，和什么样的人交往，你就会有什么样的人生。“物以类聚，人以群分”，一般来说，你的人格魅力和气质修养，对什么样的人群具有吸引力，就会交到什么样的朋友。然而，我们也要有意识地选择和交往在某些方面比自己优秀的朋友，因为他们会把更正确的观念，更乐观的精神，更成功的人生带给我们。

首先来说，“近朱者赤，近墨者黑”，和成功者在一起，我们能够感染他们乐观、积极、有追求的精神。当我们看到周围的人每天都干劲十足地向前冲的时候，我们会热情地冲上去；而如果我们周围的人都是一些懒懒散散、悲观、灰心、不断抱怨的人，我们也会感觉自己原有的干劲也没了，不自觉地就会懒散下来。就像一些活力十足的小孩，如果交给一些老年人带，他们很快就会变得慢吞吞，变成一个严肃、沮丧的小老头、小老太太，而如果给一些活力十足的大人们带，他们就会变得活泼、机灵、讨人喜欢。还有个性完全不一样的夫妇，如果生活在一起一段时间，他们就会向彼此的个性靠拢，甚至会出现“夫妻相”，这就是感染的力量。如果我们想变得成功，我们就要多和社会上的精英与成功人士在一起，这样无论是我们的精神、信念，还是我们的气质修养都会有所改变。

“师从上者，得其中也；师从中者，得其下也”，每一位好朋友都应该是一位好老师，把更好的东西教给你，使我们不但在人生的广度上得以扩展，更会在人生的深度上更加深邃。我们每看到一个优秀的人，都应该挖掘他的优秀品质，移植到自己的身上。俗话说“成功带动成功，人才带动人才”，我们就是要让自己和成功的人在一起，从成功人士的身上不断学习有益的知识来充实自己，使自己进一步提高。而和各个领域的精英在一起恰好就能给你提供一个向最优秀的人才学习的机会，如果我们能发挥“三人行，必有我师焉”的精神，不断地虚心向那些精英们学习，我们很快就会拥有更多的优势。

事实上，每一位成功的人，他们都有过和比自己优秀成功的人在一起，向他们学习的经历。比如，巴比伦最富有的富翁阿卡德曾经向欧格尼请教致富之道；罗伯特曾向他的富豪爸爸学习财务问题；孔子曾拜老子为师；现在很多年轻艺术家，都会拜大师级的人物为师，向他们学习。

学习的真正作用是储备知识，锻炼思维，进而增强能力，这只是指出了学习的一小部分作用。事实上，学习还能改变我们的感性认识，如果我们对一件事情的感性认识是错误的，我们可能要通过很长的学习时间才能够改正过来。而如果我们始终和那些各个领域的精英在一起，我们就会获得尽量多的正确的感性认识，就不需要专业的教育来纠正我们错误的认识了。所以，和优秀的人在一起，几乎和受教育同样重要。

二十几岁的人往往自视过高，不愿意模仿他人，不愿意和比自己优秀的人在一起，这是一种虚荣的表现，同时也有可能葬送你的人生。二十几岁时，往往心高气傲，不愿意帮助成功者，与成功者交往，更喜欢自己发明一套方法。事实上，每一位成功人士都有自己的成功模式，但是几乎所有的成功者都遵循同一个成功规律。所以，我们不必费力地自己摸索规律，只要向成功者学习规律，就可以少走很多弯路。所以，一个人要想成功，就要“不耻上问”。

如何与成功者交往

如何与成功者交往，这恐怕是二十几岁的人最迫切希望知道的。平时，我们也许能有各种机会遇到那些社会各方面的精英，与他们碰面、交谈。但怎样才能和他们相谈甚欢，建立更深厚的关系，甚至私人友谊，让他们成为自己的“贵人”呢？怎样博得他们的信任和赏识呢？

首先，一定要给他们留下良好的第一印象。留给陌生人的第一印象对双方关系起着不可替代的作用，人与人之间的第一次接触，就可以彼此在心里形成一个大致的评价，并直接影响以后的关系发展。因此，给人留下最好的第一印象是很重要的。大方得体的穿着打扮、真诚的微笑、自然而不做作的表情、成熟高雅的气质、幽默自信的谈吐……这些都可以为你的第一印象加分。如果你想引起成功者的注意，给他们留下深刻的印象，就要在这些方面多下功夫。把握好正式与休闲服装的尺度，一般是西装、衬衣，领带可以随场合的变化选择单色或条纹、圆点的图案，或者领结，一般越是庄重的场合越要朴素、简单。自信的谈吐是不可或缺的。不要把某些粗俗的笑话当作幽默，真正的幽默，是能够化解尴尬，而不是让人感觉尴尬。言之有物，谈吐自信真诚，偶尔适当的沉默也能给陌生人带来信任感。相反，面对陌生人滔滔不绝，反而给人浅薄无知、轻浮谄媚的感觉，是让成功人士所不齿的。

如果一个人想着利用你而和你聊天、结交，想必你也不会高兴。真诚的微笑能让你博得更多人的好感。据调查，笑时露出八颗牙齿是最美丽的，我们不妨对着镜子多多练习。东方人含蓄，讲究笑不露齿，嘴角眉梢的一丝笑意也能给我们的面部表情加分，让我们给陌生人留下更美好的第一印象。

其次，你要让这种印象更加深刻。对于那些在宴会或者其他应酬场合有过几面之缘，给过你名片的人，不妨在自己的档案簿上记下他们的名字，依姓氏、专长、行业保存下来，尽量记住他们的特征。你不必刻意去结交他们，可以借机在电话里向他们请教一两个专业问题，话里自然要提一下你们碰面的场合，以唤起对你的印象。有过“请教”的历史，他们对你的印象也会深刻些。不要刻意去逢迎对方，这会引起对方的反感。如果这引起了他们对你的印象或兴趣，他们自然会邀请你进行进一步交往。

最后，如果你想和一个人更深入地交往，还要下些细致的功夫。不论在工作中还是生活上，如果你想消除对方的戒备心，使对方对你产生亲近感，你就应该记住与他有关的一些细微事情，把它们当成你们相互交往的契机。只要你找对了点，他就会对你消除戒备心，并产生强烈的信任感。比如他的兴趣爱好、他的生日、他的家人，只要找准一个契机，就要和他谈下去。如果他给了你一些帮助，一定要真诚地感谢他，一份真诚的感谢胜过一千次交谈。工作、谈天、游戏、合作是了解一个人和与其交往的最佳途径。所以，我们如果希望和成功人士交往，就要关注这几个途径。

如果你正在为一位成功的老板工作，好好地为他工作，向他请教工作经验，模仿他的成功模式，就是在和他好好交往。好老板是乐于帮助一个积极向上、努力奋斗的好员工的，他会愿意为你提供一个展示才华的平台，这时的私交不是最重要的，但也不可缺少。适度的私交加上努力的工作，就会为你迎来好机遇。

如果你在宴会、酒会、健身房等场所遇到了自己仰慕的成功人士，不妨和他们谈论你的志趣，倾听他们在某方面的特长。抱着询问、请教的态度和他们交流，更能接近他们的业余生活，也更容易产生私交。根据他们的背景寻找一些共同语言，谈论一些共同话题，更容易让他们放下戒心接受你。这时，不要提到“需要帮助，希望提携”，这会让你在他们心目中的形象大打折扣。谁也不会喜欢一个为了利益处心积虑跟成功者产生私交的人。

如果你正在和一个成功人士合作，这是一个绝好的机会，只要你懂得谦让，双方互利共赢，你们就一定会成为很好的朋友和合作伙伴。把成功者看作你的朋友，真诚地和他交往，你就能获得和他交往的机会，没有人会拒绝真诚。珍惜友情，忠于朋友，不怕结交新朋友，才能获得他们的青睐。在无数次新的相识之后，大多数人会随着时间的流逝而被淡忘，只有少数人会留在他们身边，留下来的人，就是他们的朋友。不论有多少交往的窍门，唯一的真谛就是真诚、真心。

现在的年轻人往往浮躁，做事交友都不踏实，把八面玲珑、世故圆滑当作聪明智慧，这种态度是不可取的。尤其在结交成功人士方面，功利的态度往往会让人反感，结果适得其反，大家都知道某某只是为了一定的目的来接近自己，就会更加吝于帮助。要知道那些卓越人士都有一双“火眼金睛”，只有你真诚地对待他，他才会为你提供帮助，与你结交。用真诚去拓展“人脉”，用真心去与人交往，才会无往而不胜，二十多岁的年轻人尤其要明白这一点。

善于自曝，让更多人认识自己

如果你已经拥有了超凡的能力和不菲的自身价值，如何让别人认识到这一点，并承认你，认可你，主动与你交往呢？这就需要你不失时机地主动“曝光”自己，扩大自己的影响力。年轻人往往觉得自己主动“曝光”自己的能力与专业、目标与志气，有自我吹嘘、狂妄自大之嫌。的确，这种做法显得有点儿不够成熟，但是，二十岁不狂的人是没有志气的。如果你只有二十多岁，就不用有这个顾虑。如果你不提醒大家，大家怎么知道呢？机遇怎么能降临到你头上呢？

有人劝我们“做人要低调”，当然，在你功成名就之后，你不妨做人低调，谦虚谨慎。但在这之前，你却要高调做人，增加自己“曝光”的概率，这是让上司注意到你的一种方法。很多杰出人士都很善于“曝光”自己。

唐朝将领薛仁贵每次领兵打仗都要穿一身白色战袍，身背弓箭，手握长刀。白色的战袍更醒目，增加了他被杀掉的风险，但同时也增加了皇帝看到他勇猛表现的机会。结果，唐太宗果然注意到了他，并封他为将军，统领三军。他从此创造了自己生命的辉煌。

怎样不失时机而又巧妙地“曝光”自己呢？“曝光”自己也需要一定的技巧和尺度，需要你下一番功夫。滔滔不绝的高谈阔论经常引起人们的反感；无所顾忌地谈论自己的目标，会让人误以为浅薄狂妄；不断提及自己的交往人脉，会让人觉得你好吹嘘。

首先，要寻找适当的时机，灰姑娘正是利用了王子宴会的时机好好打扮自己，才获得了王子的青睐，如果她平时就特别注重打扮，以她的美貌和打扮非给自己带来杀身之祸不可。找准时机表现自己，才能让自己的影响力不断扩大，否则就会为自己树立不必要的敌人。不要在同事面前刻意表现自己，那会引起嫉妒，而嫉妒正是人类破坏力最大的情感武器。“曝光”自己的志向和成功欲，最好在遇到了可能的“贵人”时，才表现出来。“曝光”自己的能力，只有在大家都解决不了的事情上去试一试，才能让大家折服。如果大家都在抢一个机遇，这时你“曝光”自己想要去抢，就可能遭到同事的嫉恨，得不到大家的认同，更不用说扩大自己的影响力了。

其次，要以一种有分寸的、含蓄而不张扬的方式去曝光自己。与其说“我认识你们王总，他是某某的好朋友，我与他有点交情”。还不如说“你是不是某某公司王总的助理，上次我和我们经理去谈事情，他向我们提过你，说你人很上进，帮了他很多忙”。这样既称赞了他，又点明了认识某人的事实，他很可能因为你们俩的交情和上司对他的评价就愿意和你交朋友。而采取第一种说法，他首先就会怀疑你，即使后来验证了那是真的，也会瞧不起你，“不就是认识个官吗，有什么了不起？”从而不愿意和你交往。

最后，清楚自己的优势和劣势，曝光自己愿意被别人知道的一面，包括缺点。人人都有缺陷，有时曝光自己的缺点，更容易让人愿意接受你，和你交往。没有缺点的只有圣人和伪君子，大家都不是圣人，如果你不想让大家觉得你是伪君子，就要适度地曝光自己的缺点和不擅长的东西。这样大家才会有平衡感，愿意帮助你，和你交往。但要确定自己曝光的缺点不会置自己于死地，否则就会被对手利用。拥有无关大雅的小缺陷，更容易让人接受，更容易帮你开拓人脉，扩大影响力。

只有在不同的场合适时地主动曝光你自己，让大家认识到你在各方面的价值，你才能有更大的影响力。让大家看到你的价值，大家才愿意和你交往。“物以类聚，人以群分”，每个人的社交圈，实际上都是以自己为圆心，以年龄、爱好、经历、知识层次等的共同点为半径构成的无数同心圆。适时地曝光自己就等于把自己放在了大家的眼皮子底下，那些与你有共同点的人就会主动找到你，与你交谈。这也是一种“化被动为主动”的方式，把自己放到聚光灯下，让更多的人看到你，认识你，你才会拥有更多的机会，拥有更多的人脉。

当然，这其中是要讲究技巧的，只要你不断总结，总有规律可循。即使你因此得罪了他们，只要没有伤及他们的实质利益，就不会结下很大的仇怨，一旦你用自己的实力证明了你是值得提拔的、值得结交的，你是有实力站在聚光灯的下面的，他们就会反过来羡慕你，佩服你的勇气，更愿意与你结交。要扩大自己的影响力、拓展自己的人脉，就要有“曝光自己”的勇气，有“我是值得大家注意的”“我可以交到更多朋友”的自信心，只要你有价值，善于表现，就一定能得到更多的交往机会，积累更多的人脉。

二十几岁的年轻人只要善于捕捉时机，主动“曝光”自己，让大家了解自己，又愿意主动“进攻”，结识他人，保持幽默风趣的语言风格，无论走到哪里，都很快就会有“熟人”，也会由此而拥有更多的朋友。

第 06 章

学会沟通——别输在为人处世上

20岁阅历浅认知事物少，和身边的人交流总是很小心，不敢侃侃而谈；还有的年轻人心高气傲，说话目无尊长，没大没小。诸如此类的沟通，都是不妥当的。年轻人需要擅长沟通，这样30岁才能成为社交达人。

懂得沟通，为未来铺好路

如果一个人的人脉资源不够宽广有效，同时也就意味着，他的沟通方法和交往技巧有问题。比如一个人缺乏对别人的意图的领会能力，或者过于注重自我意识，而忽略了别人的感受，或者太重小利，而失去了别人的信任，总之，一个人的人际交往面太窄，除了自身过于内向、性格有弱点的关系外，还有很多技巧问题存在。而一个二十几岁的人，一定要掌握几项与人沟通、交往的技巧，才能够实现自己拓展人脉的目的，为自己的未来铺好路。

首先，要拓展人脉，第一个必须做好的事情就是了解他人，领会他人的意图。著名的心理学家卡尔·罗吉斯在他的《如何做人》一书中写道："当我尝试去了解别人的时候，我发现这真是太有价值了。我这样说，你或许会觉得奇怪。我们真的有必要这样做吗？我认为这是必要的。在我们听别人说话的时候，大部分的反应是评估或判断，而不是试着了解这些话，在别人述说某种感觉、态度和信念的时候，我们几乎立刻倾向于判定'说得不错'或'真是好笑''这不正常''这不合情理''这不正确''这不太好'。我们很少让自己确实地去了解这些话对其他人具有什么样的意义。"

我们通常善于以自我为中心，去判断他人的观念、态度是否正确，过分地相信自我的标准，而不是站在对方的立场上尝试理解他说的话。我们今天看到很多所谓的历史学家去指摘古人的错误，比如，岳飞的死是因为他犯了那些常识性的错误，忘记了那些为臣规则；袁崇焕的死是因为他自己的问题等。他们难道没有想过，尽管这是一个崇尚言论自由的时代，但是不代表他们的意志和思想可以代替古人的思想。民族英雄的确有他们的历史局限性，这是他们自己无法改变的，他们在性格上可能有些缺陷，但所有的一切，也许正是因为他们无可奈何的选择。难道，作为一个有自尊的人，你能够容忍自己的上司把所有的人带向一个坟墓而不灰心吗？在气愤之下，你没有撒手不管的赌气之举吗？在宋代那样一个崇尚“理学”的氛围当中，每一个人都有愚忠的念头，这是历史的局限，而不是个人的局限。

就像在今天，在这样一个相对自由、科学的气氛当中，你想要找到一个“愚忠”的人也不是不可能的。一个人怎样做事，怎样做人，都有他的原因，我们无论是嫌弃一个人的思想局限，还是觉得他的思想不合理，都要在了解他的基础上做出反应。也许在你的眼中，他的观念是错的，也许他的选择，在你看来是不对的。但是站在他的角度想一想，也许在他那样的处境中，他的信念才是对的，他的选择才是恰如其分的。所以，想要与人交往，第一步就是要了解他人，站在他的角度做出理解和判断。而不是以一个旁观者的身份盲目地以自己的标准去判断和要求他人，这是不公平的，也必定会为我们与他人的交往设置障碍。

其次，我们要实现与别人快乐沟通，就要学会放弃争论。要做到相互尊重，相互理解。有位顾客曾经在一个结婚淡季去拍婚纱照，为了挽留客户，老板派出了最能说的职员来打动她。他说的店里的所有优点顾客都认可，他的观点就是拍婚纱是一辈子的事，一定要拍最昂贵、最美好的，但是，这位顾客当时的经济条件决定了她根本不可能接受这种消费标准。如果他当时介绍他们店里更加经济合理的项目，还可能被接受。但是，他忘了他的目的，只是一味地向顾客推销他的想法，当他滔滔不绝地自我介绍完成以后，顾客立刻走出了那家婚纱店。无论他提供再多优惠，他的拍摄技术再好，顾客也绝不会回去了。因为，他不仅让顾客意识自己资金不宽裕，他还侮辱了顾客勤俭持家的观念，破坏了顾客拍婚纱照的好心情。这就是争辩带来的所有后果，如今，这名顾客已经有经济能力拍一套更昂贵的婚纱照，也理解了他所说的观念，但她绝不会再踏进那家婚纱店一步。

如果想一个人认同你，接受你，第一步就是要对他的观念表示赞同，无论你是不是认为他错了，都不要争辩。一个人只会通过自己反思认识到错误，即使他改变了自己的想法，也不是你辩论的结果，而是他自己想改。所以，快乐沟通第一步，就是做个“应声虫”；沟通第二步，才是发表自己的想法，这个想法可以是前面想法的补充，而不是对立。快乐地与人沟通，是实现人际交往的第一步，也是自己事业起步的第一步，如果我们能够做到快乐地和自己的朋友、客户沟通，就能够和他们建立愉快的合作关系。这样无论你是为公司做事，还是自立门户，这些客户都是你的资源。

二十几岁的人要把握好这些交往原则、沟通技巧，学会快乐地和他人沟通，才能为未来的成功铺好路。这里借用林肯总统的一句话作为结尾：任何决心有成就的人，绝不肯在私人争执上耗费时间，争执的后果不是他所能承担得起的。

尊重对方的隐私和秘密

每个人都有自己的隐私和秘密，对于别人的秘密的尊重，是一种有教养的表现，会得到更多人的欢迎，俗话说“好奇害死猫”，猫有九条命尚且会被自己的好奇心害死，何况是我们呢?

20岁以后，我们有必要明白一些交往的规则，更要让自己明白应该知道哪些事，不应该知道哪些事，哪些事即使知道也要装糊涂。这些都是一些与人相处必要的礼仪，遵守这些礼仪会让你在职场上如鱼得水，而破坏这些礼仪则会让别人对你避之唯恐不及，让你变成真正的孤家寡人。

别人的秘密通常包括两方面，一是个人隐私，二是公司的商业秘密。在这两方面我们都要保持清醒的认识，不要过分好奇别人的秘密。在个人隐私方面，别人的秘密也就是关于薪水、恋情、家庭方面的重大变故，也可能是职位的变动等。

首先，个人的薪水在公司一向是保密的，否则容易引起同事的不满，甚至出现人事动荡，所以一般来说每个公司的薪水状况都属于保密状态，这不单单是个人隐私问题，同时也是公司的要求。社会上没有绝对的公平，同一个公司，同样的职位，干同样的活，拿的钱却可能完全不一样。遇到这种情况，任何人在心里都难免会失衡。在大多数时候，私下打听同事的薪水状况也正是基于这样一种心理。然而，在办公室里谈论薪资永远都是一种忌讳，所以这方面的秘密不要好奇，否则不但容易引起当事人的反感，如果传到上司耳朵里，也会觉得你这个人不知轻重，给别人留下轻狂浮躁的坏印象。

其次，是个人的家庭隐私状况，如果一个人主动向你讲起他的私事，说明他很信任你，他希望和你拉近彼此之间的距离，同时希望你们的关系也不是一般的笃深。但是私事不等于隐私，在公司与同事谈及私事，可能会增进彼此间的亲切感，但涉及个人隐私，每个人都是敏感的。比如，一桩还不为人知的办公室恋情，一些个人身体健康方面的隐私或生理缺陷，一些幼时家庭艰难的境况，一些关于对方爱人的花边新闻，这些都属于个人隐私，如果你不小心问及，不但会惹怒对方，还会给别人留下长嘴婆的印象。向别人泄露自己的隐私，别人可能会以此为笑柄攻击你。如果随意谈论他人的隐私，他人也会对你表示不满并趁机报复。还有一些尽管不属于隐私的事，尽管别人知道，而因为你和当事人的关系疏离，所以还不清楚，这样的事也不宜追根究底，非要打探清楚。总之，凡事都不感兴趣的人固然为人所不喜，但凡事都要打破砂锅问到底的人也会招人反感。

比如一个人打算跳槽，那为了不给别人留下口实，他的打算必然是秘密的。这样的秘密虽然不像个人隐私一样重要，但保密不好难免会授人以柄。大多数人不愿在提交辞呈之前让别人知道。所以，即便你听到一些风声，也不要随随便便向他人求证。 每个人都有自己的秘密，人们对于秘密总是感到好奇，这是人的天性决定的。但知晓秘密对人却不一定都是好事。知道一个人的秘密，不能向别人倾诉固然痛苦；但如果你知道一个人的秘密，这件事明明不是你传播出去的，但仍不小心传播了开来，那别人就会误认为是你不能够保守秘密，就会把你看成搬弄是非的小人；而如果你真的不小心泄露了别人的秘密，大家就再也不会轻易将秘密告诉你了，随之而来的还有别有用心的小人故意泄露别人的秘密给你让你传播。所以，君子谨言慎行，不要对别人的秘密表示好奇，也不要去对不能讲给众人的隐私刨根问底。对于公事来说，秘密有时候就等于商业机密。知晓这些对你更是绝无好处，你也许只是出于好奇之心，但别人会把你看成别有用心的小人。所以，面对那些掌握公司商业核心的人，我们一定不要轻易问他们的工作进度、未来计划等，因为那些可能都是商业机密，一旦我们问起这些，就等于刺探公司的商业秘密，给别人心怀叵测的印象。即使别人不怀疑你，一旦商业机密泄露，你就可能成为大家怀疑的对象。

所以，聪明人善于控制自己的好奇心，不让好奇心成为阻碍自己发展的障碍，而一个对别人的秘密表示充分尊重的人也会得到人们的尊重。尊重他人的隐私权，是道德的底线，而尊重他人的非隐私性秘密则是社会对我们提出的更高要求。一个愿意为别人保守秘密的人会受人尊敬，而一个不好奇别人秘密的人则是一个品格高尚的人。

20岁以后我们要明白，无论是什么样的秘密都不要去打听，是我们对别人最大的尊重。不对别人的秘密好奇，不仅是一种礼仪，而且是一个人道德修养的表现。有教养的人不想知道自己不能知道的事，这不是对别人的漠不关心，而是对别人的尊重。只有做到这一点，知进退，有尺度，我们才会更有人格魅力，更受欢迎。

恪守日常工作礼仪

一个人在工作中的礼仪是日常最重要的礼仪训练之一，因为我们很多时间都在工作中度过，所以，一个人的工作礼仪更能体现他的修养。也就是说，在一切工作场合，作为一般性守则的工作礼仪，是任何人均应恪守不怠的。

那么，我们要在哪些方面遵守工作礼仪呢？

首先，是我们的着装，公司职员每天上班都应按照公司要求着装和佩戴工作牌。如果公司没有严格具体的要求，我们务必使自己的着装看起来素雅大方、和谐庄重，不宜过分招摇、裸露，更不宜穿那些街头、混搭风格的衣饰。总之，我们的服饰要色彩单一，款式雅致，面料和手工精致优良，搭配和谐，才能够使自己看起来更庄重，也更能代表公司形象。

其次，我们的工作语言要符合规范，可以在具体内容和表达方式方面加以训练。在日常交谈中，我们要努力做到用词文雅，自觉回避使用不雅之词，如脏话、粗话，更不能讲黑话、黄话、怪话。在表达方式方面，一定要礼貌，语气要和蔼、热情、友善而有耐心，不能轻慢嘲讽。尤其在接电话时更要做到有礼貌，以免引起对方误会，因为电话沟通时不能看到对方的面孔，只能通过语言、语气揣测对方的情绪。所以，我们的不耐烦与轻慢往往更容易惹恼对方，使别人误会。办公室中，电话响了四声以上，接起来一定要说“对不起，久等了”；接电话时，对方虽然看不见你的脸，但一定要保持微笑；语言一定要亲切，精准，避免打扰别人太多时间；无论对待任何人，都要避免不耐烦，尤其是一些推销电话，也要好声好气地拒绝，比如说“谢谢，我们不需要”，或者“等我们需要时，会通知你们”，要知道那也是他们的工作，尊重对方的工作，就是尊重自己的工作。

最后，工作中的交往礼仪。内部交往要处理好自己与上司、下属、同级等不同性质的人际关系。做到团结有礼，对于上级的话不要不懂装懂，上级吩咐的工作要服从。在日常相处之时，要多讲文明用语，上班时，要主动跟别人打招呼、问候；下班时也不要忘了说声辛苦了，总之，礼多人不怪。在外部交往时，更要礼貌有加，广结善缘。不论因公还是因私，我们通常都要参加一些公务应酬。与公司外部人士交往或相处时，我们既要与人为善，努力扩大自己的交际面，又要不忘维护公司形象与个人形象，注意检点自己的举止，使之不失自己的身份。客人来访时，要主动打招呼，使用礼貌的欢迎语，比如“欢迎光临”“您好”等，如在非正式场合不妨寒暄一番，比如讲一句“见到您非常荣幸”更能体现一个人的热情亲切，再切入主题，就比较自然。听取客人的问话，要有问有答，有理有据，态度诚恳，不敷衍。客人临别时，要简短道别，有必要时不妨送一送；没有这样庄重的必要，也可以道一声“再见”“下次再来”，会显得更加有礼貌，讲礼仪。

这些礼仪都是我们在工作中有必要注意的，当然这只是表面的，要做到有礼有节，还要在细节处下些功夫，才能显得更有教养。一般的公司都会在我们初入公司时，做一些培训，然而培训只能解决一些皮毛，关键在于我们对于自己职位、地位的把握，对于礼仪规范的理解和运用。

一个内心高尚的人会不自觉地显露出自己有礼貌的一面，而一个素质低下的人，不管怎样学习礼仪规范，还是会不经意地流露出自己无礼、强横、卑琐的一面。但是学习就会进步，知道了哪些行为不够规范，起码可以规范我们表面的行为，渐渐地，我们的内心也会得到改变，最终我们也能够成为一个自觉遵守工作礼仪规范的有教养的职员。

20岁以后，我们一定要注意工作中的礼仪，以免犯一些低级的错误，当然，为了训练有素，我们也可以上一些礼仪培训班。但那只能解决表面问题，要想拥有更好的教养，还要从内心深处开始锻炼。

做一个懂礼仪、有风范、有魅力的人是很不容易的，其中缺少不了一番折磨，但人生就是在折磨中走向成熟，在锻炼中走向成功的。中国号称礼仪之邦，在工作中一定的礼节不可避免，也不能废除。一个有教养的年轻人，必须要遵守社会普遍的礼仪，才能成就一番大业。不拘小节固然能够显示人的魅力；有礼有节的人则会让人更加欣赏和尊敬。做一个让人敬重的人，我们要遵守工作中那些不可缺少的礼仪。

做一个合格的倾听者

在任何场合，认真倾听别人的谈话都是一种有教养的行为，打断别人的讲话都是不礼貌的。所以，我们要学会认真倾听他人的谈话，在倾听完毕之后再表达自己的意见，这就是一种礼仪。很多人明白这个道理，但并不知道为什么。

首先，我们的眼睛和耳朵是接收外部信号的工具，如果我们做不到认真倾听别人的谈话，就不可能在头脑中形成完整的信息，而不完整的信息会带给我们偏见，从而形成一种自以为是的看法。

其次，说话是一种输出信号的方法，信号的输出取决于我们对事物的认知，如果我们已经形成了偏见，对别人的评价就是不公正的，而这些不公正会从你的语言、语气、态度中不经意地流露出来，引起别人的反感。所以，要想发表高见，在之前有必要进行一定的倾听、调查，才能以客观公允的态度对待一件事，而客观和公允正是受人尊敬的一种品质，是有礼仪的一种表现。

当然这只是针对一个人来说，如果针对谈话的双方来说。认真倾听的态度会让人得到你尊重他的结论，而论述被打断则会让对方认为你对他不够尊重，态度敷衍。谈话的人也许并不需要你实质上的帮助，而只是想找一个发泄心中不平的渠道，所以倾听别人的谈话，就能在任他发泄之后，再给他一点意见或者安慰，他才会更加容易接受。有时，谈话双方有着根本上的分歧，其中一方是带着情绪在谈话，这时适当的沉默等于是拳头砸在了海绵上，软绵绵的没有力道，失去了攻击对象，情绪也会慢慢平静下来，这时再谈具体事宜，就取得了谈话的主动权，说出来的话也更容易被人接受。基于上面的理由，在任何场合我们都要做到十分钟听，一分钟讲，让对方的讲话能够顺利进行，并适当提供意见，才会使双方都满意，也可以表现你的礼仪周到和高贵修养。

那在倾听的时候，我们要注意些什么呢？

首先，是正确的态度。一定要用心地听别人讲话，不要急于辩解或附和，也不要心不在焉，一边听，一边忙手头上的事。遇到不理解或听不懂的时候要先说“对不起，刚刚我没听清楚，能不能重复一下”之类的话。在倾听的过程中，不妨提几个问题，表示你的认真态度，更可以让他通过你的提问进行深思，使你们的谈话不流于表面，使他对你有更进一步的认识。这样的倾听，才可以算得上有效的交流。只要我们认真倾听他人的谈话，我们不但能得到对方的尊重，同时还可以从他的谈话中得到有关他的更多的认知和评价。遇到一个人喋喋不休地抱怨和流于表面、自以为是的看法时，我们也不要嘲笑对方，因为谁都有浅薄的时候，理解他人的困境，倾听他人的困难是作为朋友应尽的义务。同时，喋喋不休的人也许是一个小人，我们要抱着“宁可得罪君子，不可得罪小人”的态度去倾听他的谈话，这样比较有利于保护自己。

其次，不要轻易打断别人的话题。无论一个人谈论的话题多么浅薄，讲的话不知已经重复过多少遍，我们都要秉持着尊重的态度去倾听他人的谈话而不能随意打断。要知道打断他人的话是一种非常不礼貌的行为。而在这中间流露出嘲笑、不耐烦的表情更是无礼的。当然，如果我们想改变自己尴尬的处境，可以巧妙地转移话题，通过几个问题或几句玩笑话把话题转移到你希望听的话题上去。

倾听完对方的倾诉之后，我们往往要表明自己的态度或意见，表示对他人的重视和尊重。对方也会希望得到你的意见、指导和劝慰。那怎样说才会既不伤害对方的自尊心，又客观公允、立场鲜明呢？不要一味附和对方的观点，否则会让人觉得你很没主见；也不要一味反对对方，这样会引起他人反感。我们要客观公允地做出自己的判断。如果对方错了，不妨通过巧妙的笑话间接地批评他，这比直接的指责和强辩有用得多。聪明的人一定会明白你的好意和话外之音。

语气要尊重，语言不妨幽默。幽默的语言不但能够显示你高超的谈话技巧，表现你良好的修养，还会让对方觉得亲切、放松，拉近彼此的心理距离。语言可以幽默，却不可以用讽刺的言语，那会让人觉得你心机深沉，并且受到嘲笑会使对方的自尊心受损，再也不愿意和你交流。

也许我们现在还太年轻，急于表现自己与众不同的一面。也许我们性子急躁，总是等不及听完别人的意见就急于辩解。但我们一定要明白听与说的艺术，做到多听少说；全面地听，公正地说；有礼地听，尊重、巧妙地说，如此才可以在工作、社交中完美地发挥听与说的艺术，表现对别人的尊重。

认真倾听别人的讲话，是一种不可缺少的礼仪，客观、谨慎地说出自己的感受和评价，则是有教养的一种行为。喋喋不休的人浅薄，沉默无语的人压抑，只有善听善说的人才会让人觉得轻松愉快、有格调。

与人交往，相处距离很重要

无论向客户推销还是与同事相处，我们都要懂得和别人保持一定的距离。这个距离不仅是身体的距离，同样包括心理距离。“距离产生美”，一定的距离既可以让我们更清楚地看清对方，又容易保持长久的友谊。20岁以后，我们无论做什么事都要懂得有度，保持分寸才可以使自己更有大家风范。尤其在和一些女同事相处时，把握好分寸才可以让你在交往中游刃有余。

在日常交往中，要做到亲疏有度不是很容易的。曾经听一位，教授说起某些商场超市的服务员特别有意思，从顾客一进店就跟在客人后面，一直到把客人送出店外。虽然有的商场为了刺激店员销售，会让店员们搞竞争，如果客人一进店，店员就跟上去，说明这个顾客就是自己的，别人不可以争抢业绩，但这样的竞争方式却是最终把客人都吓走了，想必也不是店主所愿吧。

美国人类学家爱德华·霍尔博士对于距离与关系的论证，证明在人的心理中存在四种距离，一是公众距离，为3.7～7.6米，在这个距离内，人们完全可以对处于空间的其他人“视而不见”，不予交往。二是社交距离，为1.2～3.7米，在这个距离内，人们可以互相交谈，体现出一种社交性或礼节上的正式关系。这时主要靠声音和目光交流。三是个人距离，为0.45～1.2米，随着朋友间亲密程度的不同而在不同的位置，较为熟悉的人可以离近一点，较为陌生的人则要更远些。四是亲密距离，0.15厘米以内，这是人际交往中的最亲密距离，这一距离通常只有在亲人、爱人、恋人、同性友人之间才可以保持，在这个距离内允许肌肤相触，如闺密会互相挽着胳膊。如果在对方未允许的情况下进入对方的亲密距离之内，会让人感到受侵犯。

与人交往，相处距离是很重要的。如果你还不具备一定的资格，你最好不要进入别人的社交范围之内。比如超市的服务员，当顾客有需要时，才可以试探性地进入他的社交距离内，跟他交流，介绍物品。这个距离也要有所保留，起码在一米开外。

除了实际上的身体距离以外，还要保持一定的心理距离。即使最亲密的朋友和爱人也不能完全分享彼此的隐私。所以，同事之间最好也不要出现借别人私物的现象。比如，最好不要借他人的手机、笔记本、汽车等，因为这些都可能直接或间接和别人的隐私有关。而不经意地翻阅别人的信件、短信，接听别人的私人电话更是连夫妻这样亲密的人都不能做的事，否则很可能触犯到别人的隐私，造成双方关系破裂。

交流思想更是要和适当的人才可以做的事，不要以为和最亲近的人就可以交流你的思想，甚至父母夫妻也是如此，只有和志同道合的人才可以讨论自己的志向，和有共同语言的人才可以交流思想，和感情深厚的人才可以交流情感。

夫妻、亲人只是生活上的伴侣，同事只是工作上的伴侣，一般朋友只是社交上的伴侣。没有人是全能的，不可能由一个人扮演所有角色，所以，亲疏要有度，相处要讲究缘分，要讲距离，更要公私分明，以免最后好朋友不欢而散。

即使是再要好的朋友，也要注意在彼此的关系中保持平等和适当的距离。绝对不能对朋友过分要求，不要将对方的所作所为看作理所当然。无条件领受了人家的好意却没有任何表示的人，是很难维系好一段友情的。而如果你在朋友面前摆出一副高高在上的施舍姿态，必然会让朋友和你疏远。

朋友有了困难，你可以无条件地帮助他，却不能让他误以为这是对他的一种侮辱和施舍。你有了困难，也可以请求朋友的帮助，但却不能无动于衷，恰当地表示你的感激，有助于朋友间的关系更加亲密。

同事之间更是如此，懂得保持和上司、同事保持一定距离的人是明智的，即使上司是你的同学，也不能开过分的玩笑，亲密无间只是一种幻想。

在工作中的伙伴比其他关系更难处理，因为多数时间我们要遭遇“利益”的考验，如果在利益面前有了冲突，任何人都不太可能保持心平气和。一定程度的见利忘义是多数人正当的想法，只不过表现不同而已。

对于普通人的表现我们可能会宽容，而如果最亲密的朋友和你争名夺利，你可能就会在心里产生隔阂，因为人对自己的朋友往往比对陌生人要苛刻一些。

所以，谨慎行事是为人处世应有的原则，它可以避免你冲动行事，有利于做事万无一失。在交往中更要掌握分寸，做到亲疏有度，否则只会招来更多的不满，把陌生人变成敌人，把朋友变成陌生人。

“过犹不及”，我们一定要掌握好火候，保持一定的距离，才可以在社交中游刃有余。

请给予他人充分的信任

在交往中，我们常常讲的是要讲信用，讲诚信，这是对我们自己在信誉方面的要求。我们希望别人在交往中信任自己，那我们是否也要做到信任他人呢？在交往中，信任别人的人会受到更多人的欢迎。

信任当然不能是盲目的，盲目信任他人很可能导致受骗，尤其是对于那些来历不明的陌生人，我们更要保持警惕，但是对于我们身边的熟人，选择信任他们会让他们感到感激。在这个信任危机的时代，任何一种盲目的信任都要付出代价，而任何一种对于交往对象的猜疑，都会使人受到伤害。

20岁以后，我们要睁大双眼，辨别那些值得我们信任的人，给他们以安全感和可靠感，信任他们，认可他们，才会得到他们的赞同。尔虞我诈的欺骗和虚伪的敷衍是对人际关系的亵渎，任何人都不会无缘无故地喜欢和认同一个人，他们的喜欢和认同都是建立在我们对他们的信任和认同之上的。所以，真诚地对待一个人、相信一个人才可以让别人产生敬佩与赞同的感情。

与信任相反的就是多疑和猜忌。很多人都有猜忌他人的坏习惯，这固然与一个人的心胸有关，同时也是一个人不自信的表现。一个喜欢猜忌他人的人，通常有着很深的自卑心理，导致他不能客观地对待别人，总是以先入为主的偏见对待他人。有这样一则有趣的故事。有一个人丢失了一把斧子，他怀疑是邻居偷了。因此留心观察邻居的所作所为，觉得邻居走路、说话、神态都像是偷了他斧子的样子，他肯定邻居就是那个小偷。不久，他在自家地里找到了斧子，再观察邻居，这时就觉得他说话、走路、神态全然不像小偷的样子了。

为什么一个人对另一个人会产生如此不同的判断呢？因为猜忌正是一种主观想象和推测，不以事实为根据。你遇没遇到过类似的情况？总以为谁在背后说你的坏话，总以为别人聚在一起是在取笑你，总以为有人在你背后陷害你，结果事实上根本没有那回事。

事实上，每个人都有他猜忌多疑的一面，越是遇到和自己亲密的人，和自己敌对的人，猜忌心理越是严重。《红楼梦》中最爱猜忌他人的莫过于林黛玉了，史湘云不过说了一句她像戏子，她就大哭大闹地怀疑史湘云看不起她。薛宝钗不过劝贾宝玉酒要温过再喝，她就怀疑薛宝钗喜欢她的宝哥哥，结果草木皆兵，到处树敌，动不动就流泪伤情，被人看作第一小心眼的人。

谨慎行事是有必要的，但谨慎不等于猜疑。猜疑只会让你一事无成。只有真诚地信任他人，才可以让你的人际关系更加和谐。要养成信任他人的良好习惯，使自己有礼仪、有教养，就要戒除猜疑他人的坏毛病，相信他人的善意会让你更从容。任何人际关系都是建立在相互往来的基础之上的，如果你不信任别人，猜忌别人，就很可能招来别人的反感。想要信任一个人，首先要从相信他所说的话开始。如果你觉得他说话谨慎，不夸口、不张扬，这样的人，一定值得你信任。相反，通常说得天花乱坠的人，他的话的可信度就要打个折扣。

相信别人就要相信他的能力，当一个人的能力得到你的认同和信任时，他就会把你当作知遇之人，给一个年轻人一项大任，他通常会赋予100%的热情与精力而不求任何回报。在语言上表示对他人的认同，不如以实际行动来表达更好。面对他人的请求，迟疑的态度无疑会刺伤对方的自尊心，这时，绝对的信任才会激发一个人的热情。

人们对一个人的信任，通常有一个循序渐进的过程。首先是相信他的话语、态度，然后相信他的能力，最后相信他的人品。信任他人，就是信任自己的眼光，而怀疑别人的态度，也是对自己眼光和生活态度审视、怀疑的态度。相信别人的善意、世界的善良、公正，就是信任自己有一颗善良之心，而以一种怀疑的态度对待他人，就会引起他人的反感，是一种很不礼貌的行为。做个有教养的人，就不要轻易怀疑他人的动机，做个懂礼仪的人就要学会相信别人。

自我营销，拿捏好分寸

成功推销自己是在竞争激烈的社会中生存的条件之一，如果我们只是埋头苦干或者消极地等待别人认识自己的能力，给自己一项重要的任务，那通常就会埋没了自我。20岁以后，我们一定要尝试着在工作中推销自己，或者毛遂自荐，或者表达出自己独特的想法和意见，尽管勇敢地表达自己会让很多人不是那么舒服。但是，只要我们不太过火和功利，不太过于出风头，不那么重视利益和职位，相信同事也可以理解你，上司也不至于为难你。但是推销自己一定要把握好火候，不然就成了锋芒毕露了。

通常愿意推销自己的人都对自己非常自信，做事也非常主动、积极。职场上的年轻人有必要表现得积极一点，热情一点，而不是像那些职场上的“老油条”一样圆滑世故，深藏不露。当然这种积极也不能表现为急功近利，急于出风头和建功立业，急于升职，否则就会变成公敌。

我们的积极是一种急于进步，积极踏实地做事，不计较利益和职位。这样你就会顺利地积累一些做事的经验，在积累深厚的基础上，再积极地推销自己，啃一些“硬骨头”，解决一些公司的难题，这样我们才能够让别人重视而不嫉妒，信任而不攻击。

每个人都更喜欢“我能做”的人，而不是“不，我做不到”的人。所以，在上司分配给我们无法完成的任务时，我们要积极回应他，而不能拒绝。你做不好没关系，但是一定要让老板看到你尽力了。无论领导下达了什么样的任务，你都要抱着百分之一百的热情去做。对于自己胜任的工作，一定要做完美，对于不能胜任的工作，也不要推卸、拖延，我们可以虚心地向同事或者领导请教。

当然这只是被动地推销自己。如果你想主动承担一项任务，就要在平时不着痕迹地表现自己一把，当然切忌时时表现自己。这样，你的出头才不会太突然，老板也会放心地把事情交给你去做。如果你只是默默无闻地等待机会的来临，虽然少了很多竞争对手，但也得不到老板的重视，即使你毛遂自荐，老板也不一定信任你。

毛遂自荐的故事大家都听过，为什么主人会对毛遂有疑问？如果不是毛遂的巧妙回答，不是别人极力推荐，而他们的主人又找不到更好的人选，毛遂会不会得到这次重任？很有可能不会，因为他平时表现并不突出。如果一个人平时默默无闻，关键时刻跳出来抢做一件关系到公司重大利益的事，若你是领导，你会把事情交给这个人做吗？如果有第二个选择，相信你也不会。所以，我们在平时就要着意传递自己的想法，做事积极主动，勇敢挑战自己做不好的事，这样到了关键时刻，别人才会信任你。

成功地推销自己还要遵守一个规则，就是当事情是大家都能够做好的重要的事时，不要再推销自己进行争抢，这样会招来众人的不满。既然一件事大家都能够做好，就轮不到你来表现自己。我们要做那些别人没把握做好或不愿意做的但是很重要关系到公司未来的事，或者利益不大的事，这样的事情，没有人会跟你争抢。你做不好，也不会有人等着看你笑话或埋怨你，只要你尽力去做，并且在做的过程中争取到大多数人的帮助，就可以了。

适时地推销自己，让更多的人看到你的能力，你就会拥有更多机会，做事会更积极，进步会更快。那些勇于挑战自己的人，永远是进步最快的，因为我们能在挑战自己的过程中获得更多的经验和进步。而那些只做自己能力之内的事情的人，往往得不到进步或者进步缓慢。因此，推销自己不仅仅是向众人证明自己的能力的一种方法，更是自我鞭策的好办法。所以，我们要学会推销自己，挑战自己，才能够更成功，年轻人尤其应该如此。

第 07 章

敢于冒险——走出生活的舒适圈

梦想是人一生一直认同并坚持去追求的一种价值取向，当年轻人有理想支撑的时候，要敢于冒险，尽管会懦弱恐惧，但只要通过理性的判断，选择一条正确的道路，做一件正确的事情，那么30岁将铸就一个美好的未来。

树立正确的金钱观

美国哈佛大学商学院教授理查德·泰德罗倡导尊重金钱，提出“金钱是最没有偏见的”观念。我们可能会不赞同，觉得自己辛辛苦苦，并不比同事得到更多的金钱，觉得目前的分配制度是不公平的。

其实，所有的一切都源于我们对于金钱的态度。那些对于财富不屑一顾的态度固然不可取，然而对于财富一分一毫都不肯撒手的守财奴来说，更少了很多生活的乐趣。无论是生活还是财富，幸福最终只会被执着于他的人得到。在我们还没有拥有金钱的时候，我们一定要学会像拥有财富的人一样思考问题，财富才会向我们蜂拥而来。

二十几岁，我们一定要知道，金钱的流通是有一定的规律的，我们只有掌握这种规律，才能够保证金钱会向着我们的口袋流过来。这种规律，穷人没有掌握，他们做事杂乱无章或者逆规律行事，所以会越变越穷。而这种规律，学校并不能教给我们，所以我们也不能从学校教育中得到。学校只教给我们为别人工作的本领，从不教给我们让钱为我们工作的本事，这是目前教育无法避免的。而我们要想懂得这种规律，只有从富人的一言一行、思考方式方面去揣摩。

要想赚钱，思想一定要先于行动，我们一定要学会像富人一样思考，才会像富人一样做事，最终才能跟他们一样拥有财富。富人和穷人之间最大的区别，不是简单的资金和资产上的悬殊，而是观念和思维方式的不同。在这方面，富人的子女和亲人能够通过他们的日常行为和思想受到潜移默化的影响。而穷人的孩子则有了这方面的限制，他们从小接受的就是穷人的观念，他们甚至很少知道财富的价值，思想的重要性，改变起来自然艰难。

见识的有限限制了穷人们的想象力，所以我们安贫乐道，只会安分守己地工作—赚钱—花掉—工作，从来没有想过其他的可能。我们中的大多数人生活在穷人中间，久而久之，就形成了穷人的心态，思维变成了穷人的思维，行为模式也是典型的穷人模式，就算有一天我们遇到了飞来横财，我们也只会按照我们认定的方式去处理钱财，结果导致财富的缩水，甚至被骗。没有赚取财富的头脑和眼光，没有辨别真假赚钱之道的慧眼，再多资产对于我们来说也不过是一笔死钱，永远不能够通过一定的手段给我们带来更多财富。

为什么世界上会有风险投资，为什么有些人持有着大把资产找人合作？或者只求一个好点子？为什么有人投资失败，一夜之间会一无所有，几年之间又会从负债几亿元变成身价几亿元的富翁？而为什么另一些人的生活就会像古井一样千年无波？真的是命运如此吗？不，富人有自己信奉的一套哲学，有自己独到的眼光和观念，所以，他们会越来越富有。而穷人信奉知足常乐，信任一切稳妥可靠的东西，宁愿一辈子打工，所以，无论挣多少钱，如果没有自己的事业，没有自己独到的观念，那么，他就是一个穷人。有人学习怎样投资，他成了老板；有人学习怎样管理，他成了经理；有人学怎样把别人吩咐的事做好，怎样分析老板的脸色做事，怎样要求加薪，他成了一名打工者。学习的东西不同，让我们成为不同的人。有人说，办公桌前面的人永远不知道桌子后面的人在忙些什么，所以，他会变得贫穷，如果一个人想要富有，就要向办公桌后面的人学习。

首先就是要学习他们的思维模式。比如，把所有的挑战、障碍都看作机遇；把所有看起来没有价值的东西，找到它可能附加的价值；热爱一切新鲜事物，并把它们和财富联系在一起；尊重金钱，享受财富。要想使自己成为一个富人，应该“自知”，即对自己有一个清醒的认识，如果你的观念现在已经跟不上富裕的脚步，那你就将变成一个穷人。让自己拥有富人的思想，比拥有财富更刻不容缓。学会像有钱人一样思考，是一个年轻人在没有成熟的阶段就要拥有的本事，否则，一旦你的财富观念定了性，就是很难改变的。所以，趁现在你对金钱还没有一个正确成熟的观念，马上学一学有钱人的金钱观吧！

尝试去做没做过的事

康德曾说过：“人的心中有一种追求无限和永恒的倾

向。”这种倾向最直观的表现就是冒险。人在二十几岁时必须历练自己的冒险精神，以使自己的人生呈现金色。比尔·盖茨说：“所谓机会，就是去尝试新的、没做过的事。可惜在微软神话下，许多人要做的，仅仅是去重复微软的一切。这些不敢创新、不敢冒险的人，要不了多久就会丧失竞争力，又哪来成功的机会呢？”

微软素来以青睐具有冒险精神的员工而闻名。他们宁愿冒失败的危险选用曾经失败过的员工，也不愿意录用一个处处谨慎却毫无建树的员工。在微软，大家的共识是：最好去尝试机会，即使失败，也比不尝试任何机会好得多。

正如威廉·丹福斯所说：“你之所以不是自己想要成为的那样的人，唯一原因就是你不敢成为那样的人，一旦你有了这种胆量，一旦你不再随波逐流，而是勇敢地面对生活，你的生活将从一个崭新的阶段开始，你将发现自己的体内充满了新的力量。”

美国人派吉曾写过一段著名的话，题目叫《只为今天》，在美国广为流传。其中一点他特别强调，“只为今天，我要用三件事来锻造我的灵魂：我要为别人做一件好事，我还要做一件我并不想做的事，更重要的是我要做一件我不敢做的事”。有些年轻的人不敢冒险是因为总担心失败，怕失败后连现在拥有的东西都要失去。他们总会找出各种各样的理由来使自己不去冒险。最后，他们一事无成，只能羡慕地望着别人，看着别人在勇敢冒险之后过着富足的生活，而自己却在思前想后中安安稳稳地毫无突破，仍在原地踏步。还有些年轻的人不去冒险是因为畏惧困难，一件件难事要自己去摆平、一个个痛苦要自己来承受，想起来就心惊胆战。于是他们便将所有的事一股脑儿地推给了别人，不管是有意义还是无意义的事，但当别人历尽千难万险得到掌声和鲜花后，他们又后悔当初不该将机会拱手相让。

有些人害怕去冒风险是因为他们习惯了安逸，他们总躺在幸福的港湾里风平浪静，无比留恋已经拥有的舒适而因此感到满足。毕竟，冒险常常是失败的导火索，冒险就意味着放弃到手的一切，意味着要面对无尽的风风雨雨。

记得一位哲人说过，对于那些害怕危险的人来说，危险无处不在，坐吃山空是他们未来注定的结局。生活中有些事情看起来很难，其实不然。许多令我们害怕的事情难就难在走出第一步。第一步所需要的勇气和胆识超过了事情本身。人的勇气和冒险精神并非与生俱来的，许多人本身能力并不差，只是因为不敢走出第一步，失去了很多锻炼自己、提高自己的良机。只有敢于冒险的年轻人才能成为这个世界的强者，在历史的画卷上抹上浓墨重彩的一笔。

缔造出《仙境传说RO》与《卓越之剑GE》两款备受追捧的网络游戏，被誉为“RO之父”的金学主就极富冒险精神。在《仙境传说RO》还没有诞生的时候，韩国网络游戏开始追逐3D化的游戏大潮，金学主却敏锐地觉察到，Q版游戏才是真正的趋势。但在当时的韩国开发一款Q版的网络游戏，是存在很大风险的。整个韩国业界几乎全部看好3D化游戏，一致认为游戏的成败只与3D化的效果有关。但金学圭却喜欢冒险，他不愿意随众人追逐所谓的潮流。也正是这样，为金学圭成就了引导潮流的地位——他的《仙境传说RO》力排众议，以Q版面市后，得到了空前的成功。金学圭由此一跃成为韩国首席游戏制作人。

在金学圭取得成功后，他却令人大跌眼镜地毅然抛弃了为他创造无数成果与荣誉的公司和《仙境传说RO》，开始建立自己的游戏开发公司，并研发了《卓越之剑GE》。事实证实了金学圭的勇气与冒险精神再一次为他带来了成功。这款游戏还没有上市，就获得了韩国韩光集团45亿韩元的投资，并迅速在韩国、日本、新加坡等地成功推广。金学圭用他的成就证明了一个简单的道理，成功靠的不是运气，而是极富挑战性的冒险精神。

年轻人去做以前不敢做的事，本身就是克服恐惧、建立信心的良方。唯有去冒险和尝试，才是实现人生意义的最佳途径。古今中外，有许多伟人给我们树立了榜样。无论是哥伦布发现新大陆还是李时珍走遍名山大川，不怕自己中毒，冒险尝遍了百草，写出了著名的《本草纲目》，都凝聚着人类伟大的冒险精神和奋进力量！

人类的好奇，产生冒险的冲动，人类的冒险，点燃了文明的火炬。在人类探索宇宙，探索自然的过程中，如果没有一代又一代的先驱冒着失去生命的危险，抱着英雄般悲壮的精神，依然坚决地向未知探索，人类探索未知世界的步伐能持续多久？正是因为人类的血液中沉淀着勇于冒险、敢于奉献的精神，才不断鼓舞着后人继往开来，人类的文明才能持续繁荣，一个个伟大的人物才得以横空出世。

人在年轻时一定要培养自己的冒险精神，如果一个人年轻时遇到困难的事不敢面对，那么在他以后的人生路上要是再碰到同样的事还是会畏惧，那么他就永远不会得到提高。当一个二十多岁的人鼓起勇气做了一件曾经让他害怕却有意义的事情，那么他就已经进步了，提高了。当他坚定地走出了第一步，去进行有意义的冒险时，相信在不久的将来，他必然会成为一位充满信心、勇气十足的“勇士”。

机会总是留给那些有准备的人

年轻人一定要知道，有机遇，就会有风险。面对机遇时，如果我们过分审慎，瞻前顾后，就容易错失良机。我们要做的事就是先把机遇抢过来，然后再逐渐排除风险，才有很大机会获得成功。二十几岁的人里，大多数人是有成功的想法的，也曾经有各种各样的机会，只不过大多数人面对机遇时总免不了畏首畏尾，结果不是错失了时机，就是走晚了一步，落在了别人的后面，更有甚者永远也没有出手，结果导致一生遗憾。

我们中的很多人都希望得到财富，也不是不知道该怎样做，而是不敢真的去做。就是这样的胆怯让我们错失了一次又一次的机会，最终一生颓废。面对生活中的机遇，很多人不去想一万，而去想万一，万一失败了，我将一无所有；万一失败了，我连平稳的生活都没有了；万一失败了，我将没有勇气继续活下去，越想越可怕，人生无数的可能性在这种犹豫和等待中化为乌有。

其实，生活中的万一是很少的，我们完全可以把这种万一用自己的智慧排除掉。面对机遇，浮躁莽撞固然不可取，裹足不前却有更大的风险。炒股固然可能输掉你的本钱，但让钱待在银行里，你的钱财最终肯定要被通货膨胀吃掉。前者只是可能输掉，后者却是一定贬值，所以长期来看，钱财待在银行里，是风险最大的。跟这个道理一样，永远不冒险的人，一生中会冒最大的风险。想一想那些一生都勤勤恳恳工作，最终却只能拿着有限的保险金过活的工人们吧，他们一生从没冒过险，但他们的生活是多么危险啊，只要有点病或者遇到重大事故、失业，他们甚至连自己的生活都自顾不暇。而那些一生都在冒险的商人，他们不断冒险，不断失败，但他们中的不少人却成功了，除了那些中途放弃的人，多数坚持的人在晚年都过着悠闲富裕的生活，他们不怕失业，不怕病症，不怕自然灾害，生活中的风险要比那些不敢冒险的人少得多。

人生就是一次大冒险，面对有风险的机遇，我们要做的就是第一时间把机遇抓住，而不是先算计清楚，再决定抓不抓住这次机会。如果我们没有必胜的把握，或者风险大过了你的承受能力，或者风险与收益不成比例，或者条件真的不成熟，我们也可以到时再决定把这次机会拱手让给别人。而绝不是等待万事俱备后，再抓机遇，因为那时机遇也许就被错过了。事情永远都在发展，该出手时不妨就出手，条件成熟了，就会有更多的人来抢机遇，那时机会就不再属于你了。

19世纪80年代，人们在利马地区发现了一个大油田，但因为油田出产的石油含碳量高，被人们称为“酸油”，当时还没有有效的方法对它进行提炼，所以“酸油”的售价很低，只卖15美分一桶。而当时正常的石油售价是1美元一桶。当时的石油大王洛克菲勒认为总有一天会找到方法提炼这种石油，所以执意要买下这个油田。但遭到了董事会的反对，但他却宁愿自己冒更大的风险，个人拿出了300万美元，同时说服了董事会执行这一决策。

两年后，这种“酸油”终于有了提炼方法，油价一下子涨到了1美元，他的公司在利马建造了全世界最大的炼油厂，盈利猛增了几亿美元。

如果洛克菲勒等到“酸油”有了提炼方法，才去买利马油田，相信不仅他付出的代价更大，而且利马油田将不是仅被他一个人看中，而是有了更多竞争者，这就不是钱能够解决的问题了。

面对机遇，眼光和审慎的态度固然重要，然而，一味审慎，不断地核算利益与成本、风险和收益之间的关系，却会让我们丢掉机遇。要保证任何事情都万无一失是不可能的。万事俱备的结果很可能是东风已经刮过去了，所以，东风一来，即使我们还有些小准备没有做完善，也必须马上借着东风启航，一边开战一边做准备。

大多时候，我们对于机遇的把握，不是凭着精密的算计，而是凭着多年的经验，凭着直觉。机会来了，你就要感应到，而一旦你拿起自己的金算盘算出了结果，往往机会已经走了。所以，在直觉感到机会来的时候，马上抓住它，掌握住机遇，再做周密计划，既不盲目乐观，又不灰心丧气，准备好几套应对方案和应急措施，就会把风险降下来。

二十几岁机遇很多，即使失掉了一次，没关系，我们还有下一次。不要为已经失去的或者不属于你的机遇遗憾和叹息。我们要做的，就是在今天努力做准备，抓住明天将要出现的机遇。在今天积累经验，凭着今天的经验，在第一时间直觉地判断出明天出现的那个机会是机遇还是陷阱，判断出自己有没有足够的能力把握住它。

勇于冒险，登上人生顶峰

人的一生中充满了冒险，尤其是二十几岁的时候。生活中的冒险就是勇敢地跳下悬崖，在下坠的过程中不断地为自己编织翅膀，振翅高飞。每个人年轻时都面临着这样的冒险，没有冒险，生命怎能充满激情与繁华，又有哪个人愿意谨谨慎慎地过一生？勇于冒险能为你的人生带来意外的惊喜，就像秋天清晨的路边，能赫然看到沾着露水的花朵，你的心神便可以随它清新绽放。

如果你想去什么地方，那就不能坐着不动，一定要有所行动才行；如果你不愿自己从温室里探出头来，就不会有所成长。人年轻时不冒险，就不会有收获。每当你与别人分享内心最深处的情感时，就要冒被别人背叛的风险；每当你把自己投入互动的人际关系中时，就要冒被拒绝的风险；每当你要表达自己的见解时，就得冒被批评的风险。

每一个人都必须借着桥，才能走到另一岸的陆地，所以人只有不断冒险，努力地跨越障碍，才能走上专为你准备的康庄大道。假如你一直避免去冒险，那就只好过着远离优越的生活，并且这也会限制你的成长。你会发现，冒险会为你的生命带来前所未有的富足和充裕，正所谓“自古富贵险中求”。过去，当人们谈起美洲的时候，总要提起哥伦布。正因为哥伦布的勇于冒险，才发现了美洲大陆。

1492年8月3日清晨，年轻的哥伦布带领着87名水手，驾驶着3艘帆船，离开了西班牙的巴罗斯港，开始了人类历史上第一次横渡大西洋的壮举。在海上航行了2个月零9天之后，哥伦布与他的水手们终于到达美洲巴哈马群岛的华特林岛。哥伦布把这个岛命名为“圣萨尔瓦多”，意即“救世主”。哥伦布踏上了他当时误认为是“印度群岛”和“日本”的新大陆，并在美洲游历了一番，而后返回了西班牙巴罗斯港。

回来以后，年轻的他顿时成了英雄，受到西班牙国王和王后的隆重接待。在一次庆功宴会上，有人高声说道："我看这件事不值得这样庆祝。大陆是本来就有的，并非哥伦布所创造。只要坐船一直向西航行，谁都会有这项发现。"

这时，哥伦布笑着说："你讲得似乎很对，其实不然，我们不妨一试。"说着，他顺手抓起桌上放着的熟鸡蛋，接着说："各位试试看，谁能使熟鸡蛋的小头朝下，在桌子上立起来？"大家纷纷拿起面前的熟鸡蛋试着，但谁也没能把它立起来。

于是那位绅士得意扬扬地说："既然哥伦布提出了这个问题，那就让他自己试试吧。"全场的眼光都朝哥伦布看过来，只见他手握鸡蛋，小头朝下，"啪"的一声敲在桌上，手一松，那蛋就牢牢地立在桌上了。那人高叫起来："这不能算，你把蛋壳磕破，当然可以立住。"这时，哥伦布正色说道："对！你和我的差别就在这里，你是不敢冒险、不敢磕，而我是敢冒险、敢磕。"

这就是冒险的力量，如果没有哥伦布的冒险精神，他就不会登上人生的至高峰，历史上也会少了一段精彩。善于冒险的年轻人脚程总是比别人快一步，能主动寻找所有可以突破的机会。他们像登山者、冲浪者，而且冲浪的范围不只是外面的海洋，还有自己内心最深处的海洋；攀登的不只是外在的喜马拉雅山，而是在探索内心最高处的山峰。涉世之初的人要勇于冒险，要勇于向前冲，要闯出一条自己的光明大道，从风霜雨雪到枪林弹雨。对这样的人而言，没有什么无法克服的困难，没有什么无法超越的现实。勇于冒险的人天生就是一个胜利者。

身为人，永远别忘记冒险的艺术，永远、永远别忘记。要维持你冒险的能力，每当你有机会冒险，千万别错过。唯一能保证你真正闯出一片天、拥有辉煌未来的方法就是去冒险。人生就是一艘游荡在生命长河中的帆船，会经受风雨洗礼，也会享受艳阳高照。

人年轻时总会经受许多风浪，浪头汹涌无比，让你胆战心惊，患得患失。但是，真正掌握命运的是你自己，是你的冒险精神！你既可以让它从风浪中走出，又可以任它被浪头击倒，陷入历史长河的漩涡里，这一切的主宰，正是敢于冒险的你。

心思缜密，沉着应对风险

众所周知，财富是伴随着风险而来的，把一次机遇变成一次成功、利益或收获不菲的成果却不是那么简单的事。最重要的就是能够把风险排除掉，这在很大程度上要靠周密的计划，靠着遵循规律，才能够减小风险。

人生很多时候就像赌玉，在石头锯开之前，没有人敢百分之百确定里面是藏着巨大的惊喜还是一无所有。但是，长期赌玉的人都知道什么样的石头有藏玉的可能。看色泽，看纹路，看裂缝，看润泽程度，这些规律可以在很大程度上避免你的损失。藏在石头里的玉尚且有章可循，何况人世间的事情呢？规避风险也有其规律。

第一，只冒该冒的险。不是所有的事情都值得我们冒险一试，也不是所有的利益都值得我们放弃已经到手的财富。我们要明确哪些险是值得我们冒的，我们冒了这样的险，收益会不会很大。如果一件事不仅仅是冒险，而是一定会失败，这样的事我们一定要放弃。比如，通过某种方式，我们会快速拥有大量财富，但是这种行为是违法犯罪的，这样的险显然是不值得的。犯罪唯一的后果就是被逮捕，无论何时，不被人发现的可能等于零，所以，犯罪不是冒险，犯罪行为也不是具有风险的行为，而是绝对不能做的行为。除此之外，还有很多事情不值得我们冒险。比如，风险很大，而收益却不大，风险与收益明显不成比例的事情，我们不值得为很小的利益冒很大的风险。马克思在他的著作中说："如果有100%的利润，就会有人冒坐牢的风险；如果有300%的利润就会有人冒被杀头的风险。"除非利润足够，否则我们不应该冒太大风险。再者，这是一种夸张的说法，即使达到1000%的利润，我们也不能冒杀头的风险。

第二，用周密的计划降低风险的系数。每次抓住机遇之后，投资之前，我们都有必要做一份周详的计划。要先了解一下可能遭遇的风险，并针对每种可能发生的状况预先设想应变的方案，这种方案最少要有两套，以便一个条件不成熟时，启用另一个应变方案。在这个过程中，我们要不断分析盲目冒险的成分有多少，成功的概率有多少，成功后的报酬有多少，并不断地调整，尽量把所有风险都掌控在自己的手里。在冒任何风险之前，我们最好都要列出一张风险报酬评估表，将所有因素加以衡量，把所有可以规避的风险因素做好备案规避掉，衡量所有不可能规避的风险，把它和报酬相比较，如果发生最坏的情况，我们能够承受，并且按照一般的状况，我们的收益值得我们所冒的风险，我们就应该冒这个风险。凡事做最好的打算，也要有最坏的准备，不到关键时刻不要斩断自己的后路，不要做“背水一战”这样的蠢事。不是所有事情、所有人都适合“置之死地而后生”，我们要做的就是以最小的风险和成本博取最大的利益。

第三，准确预算自己的心理承受能力。每个人的心理承受能力都是不同的，有人做生意赔掉了几百万元，却认为自己还可以赚回来，还保持着乐观；而有的人丢掉了一百块钱就心疼得吃不下饭，赔掉几千块钱的风险更是让他焦虑、不安、恐惧。即使可能挣再多的钱，精神一直处在高度紧张之下，处在崩溃的边缘，决策怎么能够正确，心理又怎么能够健康呢？除了精神因素以外，客观的生活条件也影响一个人的风险承受能力，如果一个人总存款只有1万元，让他把所有钱都拿出来冒险，甚至借更多的钱进行风险投资，一旦失败，他将背负几十万元的债务，他会这样做吗？大多数人都不会，只有一个人的客观条件允许他冒险，他才会承受风险。一个人只有在主观上愿意冒险，客观条件也允许他冒险，风险才不会对他造成伤害。任何人都有承受风险的限度，一旦超过限度，风险就会变成一种负担。

20岁以后，我们要学着把握机遇，更要学着规避风险，只有把这两项都学会了，学精了，我们的能力才算是到家，我们才有把握赚取到人生的第一桶金。

第 08 章

克制自我——懂得自控才能走向成功

成功来自你对自己真正热爱和擅长的事业的专注，而非来自对每一偶然事情的挑战。所以，专注于你所要做的事情就是成功的第一大要素，年轻人只有善于克制自己，把精力投入工作和学习中去，完成自己的职责，才有成功的希望。

坚持自我，勇敢做决定

20岁以后，我们觉得自己已经足够成熟。一个人成熟与否的界定就在于自己是否能够对自己的人生行为负责。要支持这个观念很简单，法律规定，18岁以后的人属于成年人，如果犯了罪，就要对自己的行为负全责，而在18岁以前，你的犯罪行为是由监护人和社会负一部分责任的。所以，能否对自己的人生负责，是衡量一个人是否成熟的标准。

对自己的人生负责，其中一个重要的表现就是靠自己决定重要的事情。如果我们希望把自己的梦想变成现实，就要学会靠自己决定重要的事。由于眼界、恐惧等因素，我们往往不敢自己下决定，觉得自己还很幼稚，自己的决定也许会对未来造成很坏的影响。父母更是把我们看成小孩子一样对待，凡事小心翼翼，事事为我们准备好，决定好。从小到大，我们鲜有自己下决定的时候。功课的进度不是由我们决定，上不上学不是由我们决定，甚至兴趣爱好也是由家长代为挑选的。但是我们长大了，就要有自己的想法，自己的事情自己决定，自己的人生自己负责，才可能有大的成就。

每一个成功的人在走向成功的过程中，都会遇到各种各样反对的声音，因为你突然要从大众的80%里跳出来，进入20%的队伍里，变化让人不安，尤其是你周围的人，他们会出于各种原因而对你提出质疑。关键时刻我们要做到坚持自我，自己的人生自己决定。

那么，我们可以在哪些方面靠自己决定呢？

第一，对于自己要过一个什么样的人生的决定。想要什么样的人生，是由自己决定的。希望功成名就还是默默无闻？希望轰轰烈烈还是平淡无华？希望出世还是入世？每个人都有不同的想法，不同的决定。比尔·盖茨在哈佛求学期间就决定退学搞计算机事业，他的父母、朋友未必同意他的决定。但是，他决定了的事情，就不再更改。于是，我们有了一位没有哈佛学位的世界巨富。在哈佛校庆时，曾有人建议邀请比尔·盖茨参加，但是被哈佛大学否决了。他并不后悔，因为是他自己选择了退学，选择了创业。还有一位杀猪的北京大学毕业生，他对于众人的议论纷纷回答道："北大能够出俞敏洪那样的名人，也能够出杀猪的。这是我们不同的选择，因为我们追求的人生目标是不一样的。"自己决定过怎样的生活，是一种勇气，也是一种智慧。李白说："仰天大笑出门去，我辈岂是蓬蒿人。"那是一种入世的豪迈，陶渊明说："采菊东篱下，悠然见南山。"那是一种出世的淡然。我们希望有怎样的人生，是我们自己决定的，也要自己承担责任。入世的李白有"人生在世不称意，明朝散发弄扁舟"的苦恼，出世的陶渊明也有"草盛豆苗稀"的感慨。但他们都为自己的生活承担了相当的责任，为自己的后世留下了不朽的作品，所以他们同样是成功的。

第二，对于职业、事业或者学业的选择。是继续求学还是步入社会？是打工还是创业？是进入事业单位过一种悠闲的生活，还是进入企业打拼？每一个重大的决定几乎都需要我们自己下。那么我们决定重大事情的标准又是什么呢？是我们的人生目标。哪条道路是对我们有利的，可以更快达成我们的目标，我们就应该选择它。

第三，对于自己爱情、婚姻、家庭的决定。很多年轻人在选择自己人生的另一半的时候，不知道要用什么样的标准来衡量。有的人甚至用是否对自己的事业有帮助，是否能够为自己带来安逸的生活为标准。在这方面，林徽因女士用自己的智慧做出了最好的选择。林徽因是我国近代最美丽的女诗人之一，曾有诗人徐志摩、建筑师梁思成同时爱慕她。而她选择的标准是自己想过一种什么样的生活。她想要的不仅仅是诗人浪漫的爱情，她要的是能够与自己有共同的语言、共同的事业爱好，平等（当时徐志摩已有妻室）、能给自己的生活带来发展的婚姻。因此，她嫁给了梁思成，梁思成也真的给她的事业带来了发展，他们共同设计了人民大会堂。诗人舒婷也为我们描绘了自己渴望的爱情，她渴望的不是藤蔓的缠绕，而是树木的共同依靠。婚姻是一辈子的事情，在某种程度上，它比事业更为重要。不合适的婚姻，不但会造成自己在生活上的困扰，更可能给自己的事业带来巨大的负面影响。

如果一个事业繁忙的人，娶了一个希望时时刻刻待在老公身边的妻子或者不信任自己的妻子，那种挥之不去、弃之不舍的烦恼，对自己的事业会造成很大的困扰。相反，一个事业上的女强人，嫁给了一位希望妻子小鸟依人，照顾家庭的“斯文男”，也会消耗自己对于事业的热情。

20岁以后，也许你觉得自己还不够成熟，还不具备决定大事的能力，我们就要从小事开始做决定，直到我们的决定越来越正确，越来越趋于我们理想的状态，这时我们就可以做重要的决定了。

寻找适合自己的行业与工作

我们选择职业的标准一般是围绕自己的学习科目、兴趣爱好和擅长的事去选择的，但我们也要明白，世界上还有很多事、很多职业是我们所不了解的，也许在那里有我们擅长的、感兴趣的事。

一位白领厌烦了自己时装设计的职业，她更乐意和人打交道。于是考了一个个人衣橱顾问的执照，专门为自己的客户采购和搭配各季服装。如今，她每天忙于根据客户的体貌特征、职业、爱好等为客户量身选购出席各种场合的服装。有时间，还在世界各地飞来飞去，做服装买手，忙得不亦乐乎。几个每天忙于办公室争斗的小姐妹都羡慕她，但她们都没有她那样的勇气，舍弃月薪三四千元的职业去做自由人。无论何时，职场上都不可能存在一个可以让人从从容容工作的环境。

从很早以前起，日本企业就已经开始以业绩来作为考核员工的标准了。如果我们因为工作环境压力大这类的原因跳槽，只能说明你的能力有问题。但如果是因为企业不能够给你展现的舞台，这样的跳槽就是必需的。

当今社会，一定要向别人充分表现自己的才能，这样才能为自己带来成功的机会，企业也会变得更加强大。如果现在的公司无法提供我们展现自己的平台，那就可以考虑跳槽了。有句古话说“真人不露相”，意思是说越有能力的人越谦虚，其实，与其理解为它要求我们不能表现自己，不如理解为一种免去后顾之忧的处事技巧。也许会有人觉得虽然看不到什么前途，但在公司的待遇还不错，而且还不知道跳槽会遇到什么样的待遇，因此不应该从公司辞职。

实际上，只要是“真人”，就不用惧怕跳槽。在一个公司没有进步空间了，就要尝试着跳槽，寻找更适合自己的职业和平台。在过去100年里排名前100位的企业，现在已经看不到一家了。“现在是名企，未来会怎样呢？”关于这个问题，时间已经向我们说明了一切。企业的寿命一般为30年，一项事业的寿命一般为10年，这种更新的时间在今后的社会中只会提前，不会滞后。所以，跳槽，转行，只不过是迟早的问题，世界上不再存在“铁饭碗”，跳槽这种事宜早不宜迟。越早转换不同的行业，有不同的工作经验和人生历练，自己越能清楚地了解不同的领域，也会越来越明晰自己到底最擅长哪个行业，最喜欢哪种职业，也就能够尽早找到最适合自己发展的平台。

但是，我们也不可以茫然而无目的地频繁跳槽转行，要有正当的原因，正确的目的，才可以选择跳槽。如果我们因为压力大、和顶头上司不对脾气、和同事之间竞争激烈等原因跳槽，就是不明智的。现代社会是一个竞争的社会，每个企业内部，每个行业之间，人际关系都是错综复杂的，能够当上主管，必定有他的优势；能够与你竞争，必定有他的理由。因为一时的愤愤不平而辞职是最不值得的。我们跳槽的目的是要找一个更适合于自己发展的平台，而不是在几乎同样的职位间跳来跳去。

林某从外国语言系毕业，曾在不同的公司辗转做一些助理、文秘的工作。工作内容不过是打打英文文件，接接客户电话，公司的核心业务根本轮不到自己。她换了很多家公司，依然干着差不多的事，于是辞掉了工作，去充电学习茶艺，她最大的愿望就是利用自己的外语优势去向外国朋友们介绍中国的茶艺。她的跳槽对于我们来说，就有借鉴意义。如果自身的条件限制了我们的发展，无论怎样跳槽也不能解决根本问题。

所以跳槽的前提就是，不抛弃原有的优势，但绝不做与原来相同或者大同小异的工作。社会上的新职业越来越多，基本上都是从传统行业衍生出来的职业。如果我们能够利用自己原有的优势，再加上一些时尚元素，想必就能够进入一个新行业。而不是从事与原来八竿子打不着的行业。除非我们确定自己的确不适合原来的行业，我们才可以考虑转行。

但转行毕竟不像跳槽那么简单，转行除了是一个机会，还是一种冒险，要承担经济上的风险和精神上的压力，所以要成功转行，还是需要细细思量。挖掘自己在不同方面的职业兴趣、职业气质和能力，了解自己是否适合在某一行业发展，找到自己的职业潜力在哪个领域才会得到更大限度的开发和挖掘，才能够使自己转行具有更明确的目标。

对于所选择的行业的发展趋势，要有一个全方位的了解。比如所选行业的发展前景，要知道只有朝阳行业才更有前途，才能带给你更多的机会。全面、真实的了解，才会让我们避免盲目，不要随随便便跳进去了，才知道本以为的大海不过是一条稍宽一点的小溪。要真实、确切地了解行业内部的信息，不能仅靠报纸或杂志的介绍，最好是有几个该行业的内线，随时提供最可靠的消息。

清楚自己在各方面的各项能力，对自己有一个准确的定位，才能做到不跟风、不盲从，准确地跳槽、转行。找一个好的切入点，也就是大公司的合适的空缺职位，会让自己的转行生涯更加顺利。

总之，无论跳槽还是转行都是一件重要的事，年轻人至少要有跳槽经验，尝试过跳槽，才能找到真正适合自己发展的行业和职业，找到合适自己发展的平台。

做好时间管理，拓宽生命的宽度

一个人生命中的时间是有限的，我们怎样用有限的生命，探索无限的自然和社会，完成尽量大的事业？

20岁以后，人必须明白怎样分配自己的时间和精力，才能够让我们实现资源最大化，成就大业。

第一，把时间和精力用在最能创造效益的地方。我们的时间和精力是有限的，我们只能做自己最应该做的事，最能创造自己人生价值的事才会有大的作为。怎样做自己最应该做的事呢？我们要掌握两个原则：

首先，不要把精力浪费在一些毫无意义的事情上。生活中，我们经常见到许多人，一天到晚忙得焦头烂额，但忙了大半辈子，还是一事无成，两手空空如也。为什么呢？因为他们一直把多数精力花费在无意义的事情上。在追求成功的道路上，最勤快的不一定是最有成就的。如果把自己的精力浪费在一些毫无意义的事情之上，那么即使再出力流汗，再勤奋努力，我们也将碌碌无为。阿克苏·美仑说："明智的艺术就是清醒地知道该忽略什么的艺术。"20岁以后，我们除了要学会珍惜时间之外，还要学会有效地利用时间、管理时间。这就要求我们首先要对自己所做的事情进行甄别，剔除那些对于我们来说毫无意义的事情，使我们的时间和精力得到最有效的利用。

其次，分清事情的轻重缓急，只做最重要的事。在日常生活中，除去那些毫无意义的事情，仍然还有许多事情需要我们去做。事实上，只要我们愿意去做，工作中的事情永远都做不完。我们的时间和精力却是有限的，所有的事情看起来好像都有做的必要，那么我们又该怎样安排自己的时间呢？

查尔斯·史瓦波，是美国伯利恒钢铁公司的总裁。他曾一度陷入公司的文山会海里不能自拔，终于有一天，他亲自拜会著名的时间管理专家阿维利，向他请教时间管理的秘诀。阿维利递给史瓦波一张空白纸说："我们来做一个实验，先在这张纸上写下你明天要做的最重要的五件事。"史瓦波照他所说写下了五件事。"用数字标出每件事情对于你和你的公司的重要性次序。"阿维利又说道。史瓦波只用了不到两分钟，就把这些事情标出来了。阿维利看了看他，把那张纸折叠起来，递给史瓦波，对他说道："从明天早上开始，你就按照这张纸条上所写的第一件事去做。不要看其他的，只看第一项。着手办第一件事，直至完成为止。然后再去做第二件事、第三件事……直到你下班为止。如果直到下班为止，你只做完第一件事情，那也不要紧。因为你总是做着最重要的事情。"临出门的时候，阿维利说："这个实验你爱做多久就做多久，然后给我寄张支票来，你认为值多少就给我多少。"几个星期之后，史瓦波给阿维利寄去一张2.5万美元的支票和一封信。信上说无论从哪个角度看，这都是他一生中最有价值的一课。此后，史瓦波每天都坚持这样做。

后来，他又叫公司所有的人都这样做。五年之后，这个当年不为人知的小钢铁厂一跃成为世界知名的钢铁厂。

后来，史瓦波成为亿万富翁。他把这个用2.5万美元买来的方法概括成了一句话——只做最重要的事情。我们做事情时，一定要先分清事情的轻重缓急，做出最佳的排列组合，就能够使我们从繁忙中解脱出来，创造最高价值。

第二，在做最重要的事时，善于统筹规划，这样可以节省我们的时间。有计划、有秩序地做事，可以节省我们的时间。我们不能增加时间的长度，却可以拓展时间的宽度。也就是一时几用，如我们会在日常生活中，一边听广播，一边洗脸刷牙；一边等计算机启动，一边梳头；一边做家务，一边听有声书。在工作中我们同样可以做到一时几用，拓展时间的宽度，达到事半功倍。比如，我们可以在等待传真复印的时间里，给客户打电话；可以一边等电话一边整理今天需要的资料；一边听别人的汇报，一边把这些汇报资料整理成文档，并做出批示。这要求我们对工作有相当程度的熟练，做到熟练，有秩序，会统筹，学会一时几用，就等于拥有了加倍的人生。

第三，用好闲暇的点滴时间。大部分人都是利用别人荒废的时间锻炼自己，崭露头角的。作为二十几岁的年轻人，我们总是埋怨自己的时间太少。与此同时，我们却对生活中的点滴时间视而不见。鲁迅先生说："时间就像海绵里的水，只要肯挤，总是会有的。"他把别人喝咖啡的时间都用在了写作上，即使在病中，他也坚持写作，直到生命的最后一刻。

20岁以后，我们的工作会逐渐忙碌起来。也许我们不再有完整的时间供我们写作、练琴或者读书。但如果我们能够抓住三五分钟的点滴空闲时间，读一页书，写几行字。一周下来，我们也会有很多的积累。善于积少成多和利用业余时间做有价值的事，是我们增加自己人生价值的一大方法。周一至周五用来保持不落人后，周六和周日用来超越别人。

如果我们能够秉持这样的态度做事，一定能够成就大业。同时我们有很多的时间用来乘车、排队、等待等，如果我们利用好这些时间，比如，在乘车时听有声书；在排队时，记几个单词，在等人时在心中默记一段乐谱，把这些时间利用好，我们也会有不少的收获。超越别人有很多方法，其中最有效的就是利用点滴时间。

20岁以后，我们要明白自己的时间和精力都是有限的。有一种紧张感，拥有分配时间的能力，能够让我们在很多事情上超越同龄人，而超越就意味着成功。

融入职场，适应各种职场法则

各种隐形的职场法则，是对职场明文规定的一种补充，我们必须尽快适应它们，才有可能尽快在职场上立足。虽然某些职场上的隐形规则看起来很庸俗，但如果你不遵循它们，就会给你的职业生涯带来很多麻烦。

20岁以后的年轻人，绝对不要只看到纸上规定的东西。规矩是死的，人是活的，还有很多隐形规则需要我们去适应。比如“职场欺生”，不会有任何公司规定这方面的事，但很多刚刚进公司的新员工都有当小弟、当小妹的经验。对于隐形规则这种东西，如果你唾弃它，你就可能连步入社会的第一步都走不好。我们要抱着“存在即合理”的态度去对待它，才有可能在社会上顺利做事。

进入社会，我们要尽快适应以下各种做事的原则。

第一，闯荡职场，忠诚第一，能力第二。在公司里，上司需要的下属包括两类：一类是能干活，为他分担工作中的困难；另一类是忠诚于他，彻底贯彻他的意志。如果你是个只干活而看不出对他多忠诚的人，你一定没有太大的晋升机会；如果你忠诚而没有很强的业务能力，没关系，晋升机会也会有。有时候，忠诚比能力更稀缺。你需要有能力，但不一定必须有很强的能力，同时对于上司要体现忠诚，苦力活你来承受，功劳归他拥有，这才是晋升的最快途径。

在公司里，你只有一个老板。也许有人会说，老板上头还有老板呢！但是，能指挥你工作的人只有一个，这个人常常拥有对你工作的评议权，甚至直接决定发给你多少工资。这正是“县官不如现管”，你必须要对你的直接老板负责。你所要做的，就是绝对支持你的老板，配合他的工作，成为他的亲信。当然，如果老板已经引起他的上司的反感和所有人的一致愤怒，决定要罢免他，你就势必要与他保持安全距离。

第二，交友的隐形规则：“没有绝对的朋友，也没有绝对的敌人；没有永远的朋友，也没有永远的敌人，只有绝对和永远的利益和原则。”如果一个人仅凭脾气秉性，任性地与同事或上司交往，就会树立很多敌人，因为在每个公司里，都有很多错综复杂的人际关系，要想绕开这些复杂的关系，不被卷入

“党争”的漩涡，就要学会坚持一些原则，学会独善其身。尊重他人的隐私，不要逾越别人的心理距离，不要进入同事的私人空间。不说闲话，不听是非，沉默是金。这些可以为你赢得好人缘，得到同事的尊重，上司的重视。

第三，创新规则：不要触及核心成员的利益。改革创新，突破现有思维，为公司发展而努力，经常是老板们挂在嘴边以及教育下属的话。但任何一个在位的职业经理人，都会在意自己能在这个位置上坐多久。为了这个目的，他当然会关心业绩指标和考核，此时保持公司的稳定是前提。

有一些不明就里的下属提出业务创新，由此可能会出现核心人员的变动，或者冒一些不可确定的风险，这样的创新，老板是会有所顾忌的。就像商鞅变法一样，如果你忘了核心成员的利益，即使你创新，变革成功，也会落得一个很悲惨的下场。

第四，恋爱原则：尽可能不要搞“办公室恋情”。华为曾规定公司管理层以上员工，禁止本单位内结婚。宝洁也有一条不成文的规定，若同一部门的人恋爱结婚，其中一方必须辞职或更换部门。

大多数公司虽对办公室恋情没有明文规定，但潜在规定是一定有的，这是为了避免人事关系过于复杂，避免原本保密的薪酬数据泄露，造成部门间的忌妒情绪。年轻人应尽量避免产生办公室恋情，谨慎处理八卦传闻。如果恋情真的发生了，尽量别在上班时间碰头并尽量减少独处时间，不要把私情带进办公室。尽快适应各种职场规则，是一个新进员工必须重视的事。只有这样，你才可能在职场上游刃有余。20岁以后，我们要学会适时地勉强自己，尽快适应社会。

年轻人要修炼健康的心态

前面，我们提到了要积累、修炼成功的性格和心态，那怎样修炼成功的心态呢？的确，健康的心态可以让我们受益良多，可以带给我们成功的人生，这是毋庸置疑的。但是，世界上的性格千千万万，心态更是各种各样，怎样的心态才算是健康的心态？我们要怎样修炼，才能让自己拥有健康的心态呢？

20岁以后，我们的性格已经基本定型，让它做出改变是非常难的事。但我们可以做到改变自己性格中的缺点，加强自己性格中的弱项，在职业中发挥自己的性格优势。扬长避短，才能制胜。人性中不乏缺点和弱点，需要我们做出改变和完善，但是缺点和弱点是不一样的。

凡是对于自己有害，对于他人、社会也有妨碍的就属于缺点，这样的缺点我们必须改正，比如狭隘、自私、贪婪、多疑、不诚实，如果我们的性格中含有这样的缺陷，一定要改掉，因为它不但会害自己，还会害别人。凡是对自己有害，而对社会危害不大的性格缺陷，应该属于性格弱点，如满足、自恋、懒惰、悲观、骄傲、任性等，这些只能属于弱点，而并非缺陷。但是，无论是性格缺陷还是性格弱点，都会妨碍你走向成功。要知道世界上没有人生下来就是完美的，但每个人都能够通过学习来改变和提高自己。重要的是，我们能够认识自己的缺点，不回避，不讳疾忌医，这样我们才能更清醒地认识自己。更清醒才会更自信，不断反省自己，认识自己的不足，并努力去改正和弥补，我们才有机会变得更强大、更健康。除了天生的性格以外，人们还要注意自身的心理健康。

怎样的心态才是健康心态呢？它包括积极、热情、充满活力；有理想，有追求；意志力顽强，百折而不挠；果断，有勇气。这样的心理，就应该是健康的。对于追求成功的人来说，首先，我们必须要有明确的追求目标。如果一个人没有理想，没有追求，就缺少了成功的动力。如果不知道最终的目的地在哪，即便是千里马又有什么价值呢？而只要有一个既定的方向，有一个目的地，即使是普通的马，也能够最终到达，只不过是晚点而已。马克思立志要做“最能为人类社会服务的事”，达尔文立志要做自然生物学家，因此，尽管马克思处境窘迫，达尔文懒惰贪睡，最终他们却能够达到自己的人生目标。

还有的人，一天到晚无聊至极，他们最常说的话就是“好无聊”“好没意思”，无精打采，事事被动，从来不积极主动地追求一个目标，也从不热情地期盼某事，因此，他们的日子总是笼罩在灰暗当中。这样的人天生缺少活力和力量，他们的生命力不旺盛，精神力量也不强大。他们对人冷漠，对事敷衍，天生没有投入感，这也是一种心理的不健康。还有一种人，他们平时趾高气扬，仿佛一切不在话下，一旦遇到困难挫折，则陷入一蹶不振的境地。或者一遇到诱惑，就会不由自主地改变既定方向，不能够坚持下去。

这样的人，他们的意志力薄弱，不能经受挫折，对诱惑也无能为力，不能控制好自己的情绪和意志，也是一种软弱无力的心态。有的人遇事总是优柔寡断，没有足够的勇气和决心，这样的人，遇到困难容易退缩，遇到机遇也容易在犹豫中放弃，这种心态也要不得。

那么，怎样的心态，才是一个成功人士必备的心态；怎样的心态，才能够让二十几岁的年轻人脱颖而出呢？健康的心态应该是这样：当一个二十几岁的人站在人生的门槛上，他年轻，充满活力，清醒地意识到自己拥有应对一切危机的力量。他是世界的主人，没有任何形式的虚弱，没有任何生命中的残缺。他精力旺盛、体力充沛、意志力坚强，他有战胜一切困难的勇气和决心，有旺盛的生命力和强烈的成功欲望。

这才是年轻人应该有的生命形态和心理状态。其实，只要拥有旺盛的生命力和顽强的精神力量，任何时候，我们都能够走向成功。富兰克林曾在70岁高龄时还能露营野外；格莱斯顿84岁时每天还能行走数公里，还能紧握船舵，到了85岁时，还能够砍倒大树；拿破仑可以24小时不离马鞍；布瑞汉姆可以狂热地连续工作176个小时，也就是7天7夜零8个小时。这是怎样的一种生命狂热，这样的生命有着怎样的热度、韧性和力量？

如果我们用这样的热情度过自己的一生，就没有不成功的可能。成功很多时候不在于努力程度，而在于热情程度，足够的热情将融化一切。所以，20岁以后，如果我们是比较慢热的性格，如果我们没有疯狂地追求过什么的经历，那么让我们从现在开始就设定一个目标，并为之奋斗吧。享受生命的激情，活力四射地做事和积极顽强地追求理想，这样的生命状态，这样的积极心态会把成功带到我们身边。

拒绝拖延，人生需要行动力

拖延会使一个人裹足不前，拖延的原因来自恐惧和习惯，我们一定要改掉拖延这个坏毛病，让自己立刻有效地行动起来，才能避免被拖延拖累，失去我们可能美好的未来。二十几岁的人往往工作繁忙，有时自己想到一个计划，通常拖几个月都来不及实施，直至计划泡汤，自己最终也一事无成。

拖延包括两个方面，一方面是事前的犹豫不决，另一方面是做事的过程中拖拖拉拉，拖泥带水，总是不能及时利落地完成计划。事前的犹豫来自恐慌或者及时享乐的心态。对于恐慌，只要我们能够克服恐惧心理，就能够做到及时行动，不再瞻前顾后，优柔寡断。对于这样的拖延，只要我们行动起来，事情就会顺利地发展下去，甚至遇到困难也能够主动克服。另一种拖延就比较难以解决，它来自内心深处的懒惰和享乐念头。

大家都听过寒号鸟的故事，寒号鸟因为在冷夜体会到冬天的冷酷，于是哆嗦着说："明天就垒窝"，而一旦白天到来，处在暖洋洋的阳光下，寒号鸟又忘了昨天经历的悲惨，只顾着玩乐，喊着："太阳出来了，今天真暖和，明天再垒窝"，就这样日复一日，寒号鸟最终冻死在一个寒冷的夜里。

我们何尝不是这样，往往在关键时刻体会到做一件事的必要，于是吩咐自己有了时间一定要做某事。而一旦我们有了时间，我们就会忘掉事情的始末，最终消耗掉了难得的一天，就这样日复一日，我们生活在"明天再做"的虚幻里，结果青丝变成白发，回头一看才发现自己一无所有，一事无成。"明日复明日，明日何其多。我生待明日，万事成蹉跎。世人若被明日累，春去秋来老将至。朝看水东流，暮看日西坠。百年明日能几何？请君听我明日歌！"希望每一个年轻的人，都要记住这首古诗。

其实，我们每个人的骨子里，都有拖延的坏毛病，只不过成功的人可以克制住自己内心的懒惰之情。而有些人则习惯找各种各样的借口一拖再拖。比如，今天状态不好；今天风太大；昨天累了，今天歇一天吧。就是这些借口让我们的计划离自己越来越远，让我们的未来越来越没有希望。如果我们能时刻想一想将来凄凉的晚景，也许我们就会在今天加倍地努力。

有些年轻人做事常常虎头蛇尾，开始的时候，壮志在胸，一副不做出大事绝不罢休的样子。热情只能维持三天，直至后来一点动静都没有，计划也半途而废。面对这样的拖延，我们有必要做好计划，在总的大目标之下，做出每天强制的计划，比如每天必须写500个字，或者每天必须记十几个单词，做不完，就不要睡觉等。一旦我们给自己上好弦，停下来的可能性就小了很多。还可以做完一个阶段的工作，就总结一下自己的成就，明确一下自己已经做完的事，让自己的成就感克服自己的惰性。给自己一个奖励，使自己能够坚持下去。还有的拖延是干事不专心造成的。比如一边工作，一边听广播；或者一边做事，一边吃零食等。一心两用，办事效率很低。这样，一天能够做完的事，往往要拖上两三天。有人喜欢很多事情交叉着做，总是先做完自己喜欢的事，然后难题就搁到了一边，或者手上做着一件事，脑子里却想着另一件事，于是，事情总是做得不尽如人意，并且做得很慢。

面对这样的拖延，我们唯一的方法就是强制自己专心做一件事，做完一件事再做另外一件事，绝不交叉进行。先做自己不喜欢的事或者有难度的事，再做自己感兴趣的事。总之，为了应对拖延，我们可以想到很多实用的方法。关键还在于我们的内心要对拖延造成的后果有足够的认识，这样就可以帮我们改掉自己的坏习惯。

最后，把明代画家文嘉的《今日歌》送给所有的年轻人做礼物，希望每个人都可以从中领悟到拖延的坏处，做到珍惜时间，立刻行动。“今日复今日，今日何其少！今日又不为，此事何时了？人生百年几今日，今日不为真可惜！若言姑待明朝至，明朝又有明朝事。为君聊赋《今日诗》，努力请从今日始。”

第09章

纵横职场——用专业铺就锦绣前程

20岁以后，我们首先要适应的就是职场，在职场上，说话做事都有一定的规则，无论是公司规定还是隐形规则，我们都要好好遵守，才能在职场上如鱼得水。在职场上做事，离不开和上司、同事相处，我们要学会不暴露自己的缺点。既尊重同事、上司的权力、隐私，又留给他们一定的发挥空间。学会在职场上做人做事，才能工作顺利，达成升职加薪的最终目标。

端正态度，做一个称职的员工

在职场中，我们不能只做上级吩咐的事，如果只是按照指令行事，那么，机器可能做得更好，而且不会有背叛的危险。所以，如果我们指望着升职、加薪，指望着能够与众不同，引起上司的注意，我们就必须做一些不同的事，或者用不同的态度来做事。

20岁以后，我们更加成熟了，也就更加有主见了，我们必须学会主动地做一些不越权的事情，如果上司要我们完成一项任务，我们除此以外，还应该把这项任务延伸出来的广泛范畴的事也做好。

一个部门经理要求他的员工做一项市场调查，以便从比较优秀的员工中挑出一个做主管。部门经理要求他们调查一艘轮船上的某批丝绸的数量和质量，并以最快的时间把调查结果交给他。很多人在很短的时间，最快的甚至在两小时内就完成了任务，经理很满意，同时也踌躇于把主管的位子给谁。只有一位员工，直到快下班了才回到办公室把最详细的调查结果报告了上去。他的调查结果中，不仅显示了这批丝绸的质量、数量和价格，而且还对其他品牌的丝绸做了详细的调查。为了保证公司能进到最好的货，他还多要了几个货主的电话，以便将来进行价格的对比。当然，最终这位员工胜出了，获得了上司的青睐，升职为主管。

把自己分内的工作做好，只能算是一个称职的员工。如果你想成为优秀的员工，不仅要做好分内的工作，还要主动去做分外的事，了解一件事延伸出来的范畴。如果我们想做优秀的员工，就要有目的地做事，而不是刻板地做老板吩咐你的事，比如，我们可以随时了解公司动向，以公司动向为基础，了解老板让你做这件事的真正原因和意义，让自己明白做这件事的真正目的，然后为了达到这个目的去做不同方面的准备，让自己所做的事更漂亮，超出老板的期望，成为老板眼中的明星员工，这样老板才会重用你！

当然，不服从上司的命令是不可以的，如果你只做自己认为应该做或者正在做的事，而忽视了上司的命令，是不明智的。一个明智的员工应该懂得服从上司命令的重要性，这是验证你对上司是否忠诚的手段之一。上司希望你能够完成分派给你的任务——及时准备好书面材料、完成销售目标、具有一定的工作效率等。你必须要做到这些，而不是自以为是地做自己认为应该做的分外事。如果你的上司希望你做某件事，要是你不想去做，必须有靠得住的、合理的理由。服从是在职场做事最基本的要求。只要任务在你的职责范围之内，就应该圆满完成它。而不是找理由逃避任务，或者反抗上司的命令。

我们首先要做的，就是听从老板的命令，积极主动地完成老板吩咐下来的事。在职场中总有一些员工是不讨上司喜欢的：比如被动型员工，老板吩咐的任务，总是不能够按时按量完成，而是投机取巧，能偷懒就偷懒，能少干一分绝对不多干一点，这样的下属很招老板讨厌，绝不会得到信任和重用，当然，我们中很少有这种人。能够一板一眼完成老板吩咐下来的任务，这样的人是合格的员工，但晋升的机会也比较渺茫；只有不仅仅完成任务，而且完成得特漂亮，或者超额完成任务的人，做事永远超出老板的希望值，总是给上司惊喜的人，这样的人，才会受到上司的欣赏和器重。同时，我们做事也要滴水不漏，否则，就会带给老板惊吓，而不是惊喜。

一个真正会做事的人，不但会做事圆满，超出老板的期望，而且不会给上司威胁的感觉，不会让人感到有压力。他们做事到位而不越位，有主见而不自作主张，分寸极好，所以被老板欣赏。比如，在上面的事例中，那个市场调查员多做了其他品牌丝绸的调查工作，就是非常到位的事，而如果他比较了多家丝绸的质量、数量和价格，然后决定应该订哪家的丝绸，就是做了越位的事，因为这些是上级经理才可以考虑和决定的事。如果他真的帮上级做了，经理就会有威胁感，觉得有压力，因为下属能够做他职位上做的事，就意味着下属可以取代他，起码在能力上绝无问题。而且一个人一旦做了越位的事，就表示他有很强的野心，想取而代之，这样的员工绝对值得提防。

刚刚进入职场的年轻人，做事的分寸通常都把握得不是太好，不是太锋芒毕露，遭到上司的冷遇，就是做事太保守，只求达到上司的要求，不求进步，不能把事做得更完善。如果我们想有进一步的发展，就要学会不只听命令行事，还要在不越位的情况下把工作做到位，做圆满，做完美，超过上司的期望值，才能让上级更加信任和欣赏你。

别拘执于做杂事，眼光要着眼于大事

虽然我们总说“一个人要从小事做起，踏踏实实地工作”，但并不是要求我们整天沉浸在一些杂事当中不求脱身。在办公室中做事，埋头苦干当然是必要的，但不能一味地埋头苦干，总做一些无关宏旨的小事。

二十多岁，我们刚刚进入职场时，帮助前辈们倒倒茶、扫扫地的确能够帮我们尽快熟悉环境。甚至可以让前辈们提携我们，但如果我们每天都把大把的时间浪费在倒茶、扫地的小事上，大家就会认为你只配倒茶、扫地、擦桌子，你就会变得没有时间和精力做一番惊天动地的大事。即使你有这个能力和时间，你认为上司会放心一个整天埋头讨好同事、端茶递水的小职员去做一件能够影响到公司未来的大事吗？不！尽管上司总是教训新来的员工“一屋不扫何以扫天下！”但是如果你总是扫屋子，就永远失去了扫天下的机会。保姆是这个世界上公认最能扫屋子的人，但她们很难有扫天下的能力。而那些真正扫天下的人，通常都是不拘小节的。

《陋室铭》中有句“苔痕上阶绿，草色入帘青”，作者可以算是最不勤于做小事的人，但是他却“谈笑有鸿儒，往来无白丁”，显然一副做大事的模样。这些话并不是要求大家做事不顾细节或者急躁冒进、不踏实，而是希望我们不要总是被小事缠身，在踏实做好自己的本职工作之外，要主动取得进步，并寻找机会做一件能够牵动公司利益的大事，吸引别人对你的关注。如果我们总是做无关紧要的、协助性的事，我们就会逐渐失去做大事的志向。而只有那些做大事的人，才能够真正获得老板的欣赏和器重，拥有更多升职加薪的机会。一个聪明人不会整日埋头苦干些小事，他们总是把精力放在重要的事情上。

除此之外，我们还要能做整事，不做杂事。我们要做整体规划，而不是总帮别人的规划做补充或修改。即使我们做了一百件帮别人整理文案、修改错误的事，也比不上我们自己做一份企划书或者市场报告、行销计划书等，所以那些修订、补充工作，让别人做去吧，你要把精力放在对事情的整体把握和全局上，而不是注重于细枝末节。

当然，这并不是要求我们不做领导吩咐下来的小事，而是在这些时间以外，不要总是做一些帮人复印文件、做文案之类的小事，那些会有专门的秘书来做，也可以由他们自己做。况且，做这种事并不能显示你的能力，也不一定会得到别人的感激。告诉他们你正在忙，如果他们能等可以等一等，或者找别人帮忙。总是做小事、杂事的人，还会因为总是做小事而使自己的眼光变小、变浅，不能从全局来把握事情的动向，这也是做小事最大的弊端。

做小事需要小的眼光，做大事需要大的眼光，习惯于小事会把你的眼光带到习惯当中去，就算别人给你大事来做，你也会应付不来。你能够想象一个小职员去处理总统的事吗？我们要做能够凸显自己能力或者可以提高自己水平的事，而不要做一些人人都能做的事。这就是为什么有时候选择比努力更重要。我们不仅仅要“努力工作”，更要“做对工作”，选择自己喜欢的职业是一方面，而在公司里负责做哪些事是更重要的一方面。

曾任微软公司中国区总经理的吴士宏女士，刚进职场的时候只是一个微不足道的角色。她每天负责端茶倒水、打扫卫生，连触摸当时被视为高科技象征的传真机都是一种奢望。而且时时会被人羞辱，但她并没有被埋没在这些杂事里，而是发誓有朝一日，她要能够管理公司里的任何一个人，无论是内地人还是香港人。她每天比别人多花6个小时用于工作和学习，不断地为公司作出贡献，不久就在同批应聘者中做了第一个业务代表，然后做了第一批本土经理，终至成为微软公司中国区总经理。这就是她勇于做大事的结果。

如果吴士宏女士用那些微不足道的杂事、小事压垮自己，既没有时间学习、进步，提高自己；也没有时间去做更重要的对公司影响巨大的大事。那她可能就真的沦为微软公司的清洁工或者被辞退。所以，如果我们有做大事的实力，不妨在大事方面多多努力，花费更多的精力，毕竟只有你为公司作出的贡献，才是衡量你升职加薪的最终标准。在一定程度上，懒于做小事，才能勤于思考，才能做大事。即使做大事的人总被嫉妒，只要你的目标不仅仅限于一个公司或者职场的小天地中，你就应该为提高自己的实力而努力。

20岁以后，我们要清楚浮躁冒进和做重要的大事之间的区别。前者是指能力达不到还急于求成，不屑于踏踏实实地提升自己的能力，从小处着手。后者是指具备了一定的能力以后，不要浪费自己的才华去做那些微不足道的杂事。前者是指一个百无一用的书生非要上战场，后者是让一个身经百战的将军不要去做站岗的小卒。所以，如果我们有能力，有经验，还是去寻找那些能够影响公司前途的大事去做吧。

协调合作比能力出众更重要

在职场上做事，除了需要一定的能力以外，还需要合作的精神。协调合作的能力比你本身的才华更重要，现代社会已经是一个分工非常精细的社会，任何单打独斗的方式都不再受欢迎，也不会建立更大的功劳。所以说，现代社会中的个人英雄少了很多，而更注重团体的合作和协调。20岁以后，如果我们不能和别人和平共处，不能在和别人的合作中生存，那即使你是一个才华横溢的人，也不能得到老板的赏识和重用，相反，为了让团体不至于因为你而解散或运行缓慢，他会解雇你。所以，在职场中做事，能够协调合作比能力出众更重要。

虽然职场是一个是非多的地方，但只要我们低调做人，谨慎行事，就不至于树立很多对手，只要我们凡事给别人留点余地，别人也不至于太为难我们。谈到合作，我们最重要的就是要懂得我们在一起是在为一个目标奋斗，那就是公司的前途与利益。

只有公司好，我们才会好，如果我们内斗得一塌糊涂，就会耽误了工作进程，为了不阻碍公司的前进，老板势必辞退众人的公敌，无论他是谁。所以，我们要在一定的目标指引下，与同事互帮互助，共同进退，而不是为了出风头，成为公敌。

我们必须在为了共同利益和公司前途的基础上，及时和同事沟通，并把平时的一点小矛盾放到一边，尤其是在公司遇到危难的时候更要同舟共济，而不能继续争斗，更不能隔岸观火。所以合作的第一个要求就是“为了我们共同的利益”。

合作的第二个要求，就是“大家一起提高”。能够跟同事共同提高的人，会比自己单独提高的人有更宽广的胸怀，也更能和别人实现协作精神。你可以向同事请教他们的观点，学习他们的优势，但同时，你也必须把自己的独特观点表达出来，才能够互相学习，共同提高，对你们的工作更有利。如果你只想到向别人学习，而自己却不肯分享经验，这样迟早会被洞若观火的领导看出你自私的用心，你就会遭到淘汰。

合作的第三个要求，就是善于平衡各方面的关系，取人之长，补己之短。每个人都有擅长做的事，每个人都有优势，每个人的观点也都有可取之处，我们要擅长整合众人的观点、众人的优势，做成大事。而不是偏听偏信和搞一言堂，尤其是作为一个领导来说，更应该能够平衡持不同观点的下属们之间的矛盾，而不是加剧他们的矛盾，让他们内斗，消耗众人的内力。

合作的第四个要求，也是最高形式，就是双赢。让矛盾的双方都赢得这场战斗，公平竞争是一方面，两方的互相合作又是另一方面。在这个竞争的社会里，对什么人都不能够忽视，我们要做好一个项目，既需要策划力强的人规划好，又需要执行力强的人彻底执行，更需要宣传力强的人做好宣传，这不是一个人就能完成的。

在做好一项工作的过程中，占主导地位的往往不是一个人的能力，而是各成员间的团结协作配合。很难想象一个别人都不愿配合的人，他能够做出什么大事。团结大家，有利于提升自己，更有利于和同事建立良好的人际关系。同时，这样的团体会牢不可破，更加有前途。你能想象一个到处都存在矛盾的企业会胜过一个人际关系和谐，大家有力一起使，有利一起分的企业吗？

在现代化的企业里，大家都有了团队制胜的观念，而不再崇拜个人英雄。对于职场新人来说，必须学会正确处理人际关系，才能够在职场上得以生存。

首先，我们要学会分享和合作，我们要学会和别人分享观点，才能够得到老员工的意见和看法；学会分享功劳，才会让大家和你的相处更愉快，人际关系更平衡。

其次，我们有必要开诚布公，不虚伪，不奉承，不搞小圈子，才更有利于合作。

最后，学会容忍和妥协，对于职场上的一些根深蒂固的弊端，我们要学会以大局为重，在不涉及原则的问题上做一些妥协，才能够让我们在职场上更加畅通无阻。

善于合作的人，在人情世故上是非常通达的，他们会非常清楚地明白一些职场人的心理，并根据这些做出最好的反应。比如一名后进者升职，别人心里自然不痛快，他就会在别人需要帮助的时候及时伸出援手；会在他们表达不同意见时接纳与分享；会在上司夸奖团队时，报告其他人的功劳，这就是合作。而他们也是非常理智的，如果别人做了一件令他们心里不舒服的事，他们不会过分介意，而会想到在共同的目标下彼此配合。所以，能够合作的人更受老板的赏识，作为一个二十几岁的人必须学会忽略自我意识，重视团队意识，学会更好地和别人合作。

请遵守公司制度

无论我们认为职场的隐形规则多么重要，我们也不能忽视公司明文规定的规章制度，甚至在出现隐形规则和公司制度相矛盾的时候，我们一定要以制度为准，而不能一味遵守隐形规则。同样，无论你的地位如何特殊，也必须遵守公司制度。

如果公司把一件事上纲上线地规定出来，那么这件事就是极其重要的。我们做事就要避开错误的做法，尤其是职场新人，更不能和一些老人攀比和学习，要重视制度而轻视约定俗成的惯例，这样我们才可能避开一些陷阱。

某公司采购部职员有拿回扣的惯例，如果他们向某公司采购一批物品，就可以拿到一笔不少的回扣，当然采购的东西就因此昂贵了一些。刚刚进入职场的一位大学生不熟悉内部的情况，因此当上司交代他采购一批办公用品时，他就没有拿回扣，而是比较哪家公司的产品质量好而价格低廉，以此为标准进行采购。最终上司发现，这批办公用品质量很好并且比原来的便宜了好多，就悄悄地向销售单位了解情况，结果销售单位说他们有一个正直的好员工。领导才发现拿回扣已经成为习惯，尽管公司明文规定禁止做这样的事。但是，他又不能立刻批评、警告资深的老员工，因为涉及面太广了。这时，那位刚来的大学生犯了一个愚蠢的错误，他在听到老员工们的习惯之后，在第二次采购时，拿了一大笔回扣，就这样给了领导一个杀鸡儆猴的好机会。领导不但借机炒掉了他，更是名正言顺地对这项规定加强了监督。

所以说，公司制度忽略不得，尤其是对于我们这样刚刚进入职场的年轻人来说，公司制度几乎就是“金科玉律”，做事情时必须遵守。当然别人是否遵守，不在我们的管辖范围内，我们可以忽视。还有一些行为，公司没有明确的规定，但我们知道它是不被允许的，我们也必须从社会公德角度遵从正确的行为，做到不违法乱纪。

任何公司不可能把所有的违纪行为都写入规章制度，我们要确定自己的行为是否违纪，就要看自己的行为会给公司带来什么样的后果。比如，喜欢占公司的小便宜者拿私人的出租车、手机费来报销，用公司的公用电话煲电话粥；有些人非常自我，对同事态度恶劣；有些人倚老卖老，藐视管理者权威；有些人上班迟到早退，在上班时间内上网聊天，浏览无关网页等，这些违纪行为公司无法统统规定下来，但是我们应知道这些是不能够冒犯的，它虽然属于社会公德范围，但与公司规定一样都不可以违反，否则就会造成极坏的影响。它本身也许并没有太大的危害，但是请记住，公司是一个有其他人的地方，是一个公共场所。

如果我们任由这些行为泛滥，一方面，其他员工会效仿这些行为，这样我们的工作秩序就会被扰乱，团队效率就会下降；另一方面，如果其他员工不屑模仿，就会造成愤怒、敌对情绪，对整个工作环境都有一定影响；而有些行为，比如利用公司的计算机浏览黄色网页等，甚至会给公司的名誉造成极坏的影响。这些行为尽管公司不会做出明确的规定，但我们知道其危害巨大，也知道不会被社会认可，就应该自觉杜绝这种行为，这是一个人的修养问题。

有一些惯例不违背公司制度，又在道德界限比较模糊的地带，暂时也不会对公司造成太大危害，我们往往会放宽限制。但也并不是说我们可以钻制度的空子，有的人就会利用职权之便向公司推荐庸人，“举贤不避亲”，但并不是说可以“用人唯亲”。在这方面，公司不会作出明确的规定，社会也不会太谴责这种行为，这就需要我们有一定的自律能力了。

总之，对于公司的规章制度，我们绝不能忽视，更不能不以为然，其实只要是一个正直的人，不用太过刻意遵守就能够做到。但我们还是有必要熟悉一下公司的制度，因为这也是企业文化的一部分，通过公司的制度条文，执行的严格程度，我们就能大概知道公司的侧重面和执行力，何乐而不为？

如果我们把制度不当回事，员工手册一发下来就扔在一边，这不仅仅是对工作、公司的不重视，也是一种生活态度的不严肃，这样的人，我们无法想象把重大的责任交给他的后果。所以，二十几岁的年轻人一定要重视公司的规则制度，不能搞特殊，即使别人能，你也不可以，因为你是一个职场新人，还因为公司是一个大集体，是每一个人的家。

如何打造个人核心竞争力

在职场工作，我们的目标不外乎升职、加薪、建立和谐关系等，那么，我们怎样才能够赢得老板的器重和信任，以最快的速度升职呢？这里需要考虑几个因素：第一，你的目标职位是什么，你目前的能力能不能让你胜任这个职位，你还需要在哪些方面加强学习？第二，老板信任你吗？第三，你为公司做出了哪些贡献？第四，你比其他人有什么优势？我们要审视一下自己：我们有哪些优势？哪些可以加强，打造成我们的核心竞争力？

现代的社会是一个竞争激烈的社会，我们必须有比别人更多的优势才可能取胜。当然除了多以外，还要精深。20岁出头，我们不可能在经验、资历和人脉上胜过那些“老将”。所以，我们更要趁机加强自己在所长方面的优势，补足我们的劣势，才能够跟别人一较长短。那么，应该怎样打造我们的优势，怎样使我们的优势成为核心竞争力，怎样使我们成为公司里不可缺少的员工？

所谓个人核心竞争力，是指不易被竞争对手效仿的、具有竞争优势的、独特的知识和技能。如果我们有独特能力或者技术，别人不能够立刻效仿，那么，我们就超越了很多竞争者，我们离升职就很近了。

那么，一个人的核心竞争力可以有哪些呢？我们又需要从哪些方面做努力？这首先就要看我们本身的优势有哪些，我们的目标职位又需要我们做哪方面的努力。如果你是个技术方面的一流天才，你的职位目标就应当是公司的咨询工程师或者高级工程顾问，而不是业务部门或者人事部门的主管，凭你的能力，即使你拼命去学着维持人际关系、扩展人脉或去做业务，你也不能够与那些天生领导组织能力较强的人比。更不用说胜过他们，我们得承认人是各有所长的，我们要守住自己的所长，利用自己的所长，加强自己的所长，并弥补自己不足的地方。

如果我们哪方面的优势都不十分突出，就需要我们培养一个突出优势，而这个优势应该正是你的目标职位需要的。比如你是一个在各方面都比较平凡的人，你就要根据自己目前的职位去确定一个目标职位，如果你只是一个小小的业务员，你就要在销售方面加以培训，在解决问题和语言表达能力上下苦功，这样根据你的业绩，你可能很快就会成为业务部组长或者经理。而如果你只是人事部的一名小员工，你就可以定一个人事部主任的目标职位，然后补充人力资源方面的知识，培养人际交往能力和识人能力，这样相信我们不久就能够在这方面有所收获。

鲁迅先生曾说过，一个人无论在哪个领域，研究过三年都能够成为这方面的专家，所以，我们的职场生涯长得很，足有差不多30年，足够我们升到顶级的职位。还有一种情况是，我们有某方面的天赋。比如我们天生对数字比较敏感，天生就有很强的人际平衡能力，或者执行力超强，如果一个项目或计划由你去执行，就会非常到位，或者天生就过目不忘等，我们也可以广为宣传我们的天赋，去加强它，说不定这也会成为我们晋升的优势。

曾有一个歌舞团的小杂务工，他什么乐器都不会演奏，但他有一项特长，就是给他一把梳子，他就能吹出一首非常好听的曲子，就是这项小天赋，让团长发现了他，在每次演出的时候，都加上这个小节目，来娱乐众人，最终他成为一名演员。所以，不要看特长小，只要认真培养，就能够成为我们的核心竞争力。

我们要认真寻找自己身上与众不同的能力（当然这种能力必须和你的工作相关，否则一个销售部经理大提琴弹得再好，于他的职业发展而言又有什么用），然后着手培养它，不久，我们就能够成为某方面的专家，是别人无法效仿和超越的。年轻人一定要在进职场的那一天就要意识到自己在哪方面有优势，有特长，着意去培养，让它成为你的核心竞争力，这样，我们的升职才能够有望。

领会上司意图，把工作做到位

工作的时候，知道老板的目的能够让我们更有针对性、更全面，做事也就会更加符合老板的心思，做事更加到位，升职也会更容易。这是我们工作的基本准则，可是有很多人只是听令行事而忘了问老板的目的。尤其是一些刚进入职场的年轻人，常常会无所适从，手忙脚乱之下，忘了这一点。

有一位经理要求他新提升的助手王某去市场上看看有没有大闸蟹，结果王某很快回来告诉他有，老板又问他："多少钱一斤？"然后他又匆匆离去，回来后老板又问他大闸蟹有多大个，结果他又跑了一趟，就这样来来回回三四趟，他才把事情办完。老板很不满意，于是唤来了他原来的助理，现在升任副经理的刘某，说："看着刘副经理是怎样做事的，然后学着那样做事。”经理吩咐刘副经理去买大闸蟹，刘副经理问经理：“我能问问它做什么用吗？”“我要选购一些送给客户，还要自己买一些。”于是刘副经理就去了市场，不久，他就回来了，手里拎着一个大袋子，“我问清楚了，市场中有两家的大闸蟹比较好，一家的是40元一斤，一家的是60元一斤，质量都不错，很新鲜，只不过60元一斤的个头要大一点，如果是自己家吃，40元一斤的比较合适，如果是送客户的话，还是60元一斤的更好看一些，显得更重视别人。这个袋子里是我拿回来的两个样品，您看看要哪家的？”经理满意地点了点头，让他走了，然后对自己的新助理说：“看懂了吗？”助理还是有点摸不着头脑，经理摇摇头说：“如果以后你不知道我吩咐你做这件事有什么目的，不知道我的意图，你就要请教我，而不是自作主张地跑了一趟又一趟。”经过此事以后，助理终于开了一点窍，做事也慢慢让经理比较满意了。

我们在职场上做事，勤奋、努力固然重要，但是如果不知晓老板的意图，就会做出与老板的意图不符的事，更有甚者，会坏了老板的大事。所以，我们必须在做事之前就了解老板的意图，“抬”头苦干。那么，怎样才能清楚老板的意图呢？

一般情况下，我们可以用5W2H法快速记录工作要点。一项工作在确定了大致的方向和目标之后，上司通常会指定专人来负责该项工作。如果上司明确指示你去完成某项工作，那你一定要用最简洁有效的方式明白上司的意图和工作的重点。此时你不妨利用传统的5W2H法来快速记录工作要点，即弄清楚该命令的时间（when）、地点（where）、执行者（who）、为了什么目的（why）、需要做什么工作（what）、怎么样去做（how）、需要多少工作量（how much）。在上司下达完命令之后，立即将自己的记录进行整理，再次简明扼要地向上司复述一遍，看是否还有遗漏或者自己没有领会清楚的地方，并请上司加以确认。

只要这样，我们就可以清楚准确地弄明白老板的意图和工作的程序，如果上司确认了你的复述，也就是对你关于目标的理解表示认可，你就可以进行你的工作了。这是在工作当中，我们要清楚老板的意图。在工作以外，我们还要学会大胆揣测老板此时需要什么。

参考文献

[1]逸青云.生命中最关键的十年: 20~30岁不虚度不后悔[M].北京: 中国法制出版社, 2015.

[2]廖之坤.这十年决定你的一生[M]. 北京: 中华工商联合出版社, 2015.

[3]文德.20 ~ 30岁, 你拿这十年做什么[M].北京: 中国华侨出版社, 2015.

[4]邱文莉.20 ~ 30岁, 影响你一生的关键十年[M].北京:中国宇航出版社, 2013.